慢得刚刚好的生活与阅读

给孩子的四季便当

neinei 著

化学工业出版社

·北京·

生活在日本的中国妈妈 neinei，十年如一日，为双胞胎儿子制作爱心便当。她在十年间收获了日本花式便当大奖，也收获了孩子们的爱与信任。方寸之间的便当，作为无尽爱意的载体，是关切与陪伴，是与孩子沟通最温情的方式。本书是 neinei 十年育儿便当的精髓，你既可以看到藏在四季里的花式便当、藏在绘本与卡通里的花式便当，还可以轻松掌握花式便当入门技巧，了解便当的食育与美育文化，掌握饮食平衡与营养搭配的秘诀。用心去做每一个便当吧，你会遇见更好的自己。

图书在版编目（CIP）数据

给孩子的四季便当 / neinei 著 . -- 北京：化学工业出版社，2019.3

ISBN 978-7-122-33845-7

Ⅰ . ①给… Ⅱ . ① n… Ⅲ . ①儿童—食谱 Ⅳ . ① TS972.162

中国版本图书馆 CIP 数据核字 (2019) 第 024171 号

责任编辑：张 曼　龚风光　　　　　装帧设计：颜 禾
责任校对：张雨彤

出版发行：化学工业出版社（北京市东城区青年湖南街 13 号　邮政编码 100011）
印　　装：北京新华印刷有限公司
710mm×1000mm 1/16　印张 14½　字数 140 千字　2019 年 6 月北京第 1 版第 1 次印刷

购书咨询：010-64518888　　　　　售后服务：010-64518899
网　　址：http://www.cip.com.cn
凡购买本书，如有缺损质量问题，本社销售中心负责调换。

定　价：58.00 元　　　　　　　　　　　　　　　　版权所有 违者必究

目 录

第一章　爱在孩子们的餐桌

在最近的距离和你们一起成长 /005

宝贝，生日快乐 /014

第二章　零基础花式便当教室

01 从这些工具开始花式便当之旅 /022

02 选对便当盒，你就成功了一半 /028

03 米也有分类吗 /030

04 米饭的色彩秘密 /032

05 可爱脸庞的黄金比 /034

06 三分钟日式创意 /036

第三章 藏在四季里的花式便当

春季便当

01 赏花便当 /062

02 踏青便当 /065

03 早春便当 /066

04 桃花节便当 /069

05 远足便当 /070

06 一起去动物园便当 /073

07 男儿节便当 /075

08 小熊和气球便当 /077

09 照照小僧便当 /079

10 小兔雨季便当 /080

11 运动会便当 /082

夏季便当

12 焰火大会便当 /090

13 吃西瓜的小熊便当 /092

14 摘花的小兔便当 /095

15 母亲节便当 /097

16 小象和妈妈便当 /098

17 鲸鱼便当 /101

18 小狗便当 /103

秋季便当

19 小兔赏月便当 /108

20 小丑便当 /111

21 KITTY 化妆舞会便当 /113

22 轻松熊万圣节便当 /115

23 南瓜米奇便当 /117

24 怪物猎人猫小姐秋季远足便当 /119

冬季便当

25 小熊和小雪人便当 /124

26 小熊娃娃便当 /127

27 小黑猫圣诞便当 /129

28 打雪仗便当 /131

29 雪娃娃便当 /133

30 小兔便当 /135

31 圣诞老人便当 /136

32 招财猫便当 /139

第四章　藏在故事里的花式便当

绘本与绘画便当

33 《小熊学校》绘本便当 /148

34 《小兔之家》绘本便当 /150

35 亲子互动运动会便当 /153

可爱卡通便当

36 Hello Kitty 礼物便当 /161

37 巧虎便当 /162

38 米老鼠便当 /165

39 神奇宝贝皮卡丘便当 /167

40 喜拿便当 /168

41 面包超人便当 /171

42 海贼王乔巴便当 /173

43 哆啦A梦便当 /175

44 史迪奇便当 /177

45 小猫棉花糖便当 /178

46 海绵宝宝便当 /181

47 轻松熊便当 /183

春节便当

48 熊猫便当 /189

49 小虎便当 /191

50 拜年便当 /193

厨房里的亲子时光

51 小刺猬的秋天 /198

52 动物可乐饼 /202

53 动物面包 /206

54 轻乳酪小蛋糕 /208

后记　花式便当岁时记 /212

附录1　日本小学的食育文化 /214

附录2　饮食平衡指南 /217

附录3　营养平衡食谱搭配基准 /218

第一章

爱在孩子们的餐桌

每天花式不同的便当，香喷喷的饭菜……

或与家里人一起围桌共坐，
或在幼儿园、学校里带着兴奋的心情打开便当盒……

吃着妈妈用心烹制的美食，
咀嚼着家庭之爱，
美味、熟悉、安心、满足、幸福的心情，
在与家人或小朋友们一起的欢声笑语中，
度过的每一瞬的"食光"，
都将成为孩子们人生里不可替代的养分。

总有一天，
你们会长硬翅膀远走高飞，
所以现在，
让妈妈好好为你们做便当吧！

在最近的距离和你们一起成长

今天刚刚给孩子们过完 13 岁生日，为他们做花式便当的日子也进入第十个年头。每年带着无限的感恩之心迎来这一天，做好生日蛋糕，预备一桌他们爱吃的饭菜，点燃蛋糕上的彩烛，一起唱着生日快乐歌，录下视频给爷爷奶奶外公外婆，然后开心地看着他们拆开礼物盒时那惊喜的表情……岁月真是转瞬一般，第一次看到他们，第一次触摸他们的记忆，仿佛还在昨天，一晃他们长成将近一米七的大男孩了，有一天儿子站在我身旁，笑眯眯地看着我说："妈妈好像矮了啊！"没想到这么快就能听到这句话，孩子，是你们长高了啊！

时而会回想起那一年，我怀着双胞胎的身子，刚刚六个月，走在街上就被以为是临产妇，连陌生的老奶奶也会赶过来搀扶嘱咐我不要跌倒。在胎儿还只有 1000g 左右时，由于切迫早产我住进了医院。妊娠后期两个月是胎儿发育眼睛等重要器官的关键时期，所以我告诉自己无论如何也要坚持到足月

生产。

入院初期行动被约束，长时间卧床不允许走动，日夜躺着吊安胎针。住院时除了必备的用具，只带了一个小小的速写本和一支针管笔，因为我情况较严重，住在病房的最里间，基本是单间状态。那时虽然身体处于危险状态，脑子里想着未来孩子们的样子，心里却好像带着信仰一样充满了阳光和希望，护士都说没见过这么从容稳重的患者。

从医生允许我坐起来，我就开始对着孩子们的 B 超片，画着他们的想象画。一直画到怀孕第 37 周后半周，身体重得再也坐不起来。孩子生出来时，医生和护士都说孩子长得和我画的一样。

当年，正是我事业顺遂之时，注意到自己身体的变化，难免对未来的生活和工作产生迟疑和不安的情绪。在一次工作结束后的归途电车上，我不知不觉睡意蒙眬，梦里天上一片耀眼的白光，一个白嫩可爱的胖娃娃，手里拿着银匙，匙里盛着当时我最爱吃的芒

果布丁，娃娃从白光里探出身把银匙送到我嘴边，我一张嘴便醒了，发现透过车窗的夕阳正照射在我脸上……

那个时候还不知道有"胎梦"这个词，但是觉得是怀孕告知梦，那孩子可爱的脸蛋，让我消除了所有杂念，我曾经在一幅画的背面写上："既然你们选择了我，我一定会好好养育你们！"五年后，过祝福幼儿成长三阶段的"357节"为孩子们在照相馆拍摄纪念照，看到选片大屏幕上映出的他们天使般可爱笑脸的照片时，突然想起梦中那个娃娃！就是这张脸啊！只是现在眼前的是一模一样的两张笑脸！震撼和感动让我湿润了眼眶。更神奇的是孩子们第一次吃芒果布丁，就爱上了这个甜品。

这个胎梦，让我在之后怀着他们的时间里，度过了人生最自信、最安心、最充满信任和憧憬的时期。

我的病房，只有两张床，除了我是常住

患者外，旁边的床偶尔会住进急患。在这里遇到过几位短期住院的急患，其中铃木女士让我印象深刻。

斯文娟美的铃木女士是因为切迫流产入院的，她的胎儿当时才三个月，家中留下四岁的儿子入院的她，进病房就开始哭，她担心肚子里的孩子同时想念儿子，我跟她聊天宽慰她，听她告诉我男孩子四岁时是如何的可爱，就像小情人一样，一分钟都不想离开。直到亲朋来探病时告诉她：小家伙开始想妈妈，后来就自顾自玩得很欢了，她才平稳下来。她恢复得很快，短短的几天我们成了好朋友，临出院时，她为我折了两只纸鹤，祝福我的孩子们平安生产。铃木女士后来诞下可爱的女孩，至今我们每年都会互相联络汇报孩子们的成长信息。

入院期间，我收到了来自世界各地的朋友们充满爱心的礼物，每天静静地望着窗外变换的白云、渐渐秃去的树枝，和漫天飘洒

的雪花，画着填满朋友们祝福的画。孩子们出生的那个冬天下了好大的雪，放眼望去白茫茫一片。

在娘胎里的弟弟非常顽皮，每次检查听胎心都找不到他，但是只要护士对着肚子说一句"こんにちは（你好）"，这小子马上就会出现（笑），而哥哥却老老实实一直都在原地。

孕妇会有情绪不安期，怀孕初期我还一直在东京工作，那个时候最安慰的是每次上班路上听《梦见北极光》（我当时最喜爱的歌手的歌），同时读一些令孕妇身心安定的书，其中有一本叫作《我选择了你》的诗集给我很多感动，也一直相信是孩子们选择了自己，所以要做个合格的妈妈，对得起他们的选择。

医院每天的营养餐很难吃，但就是那些营养造就了超越（双胞胎儿子哥哥名"超"，弟弟名"越"）的健康。我详尽地记录了每顿饭的菜谱，两个月内吃到重复内容的饭菜很少。或许就是这时的饭菜，让我重新认识了

饮食对人体的重要性。

怀孕进入 37 周后，身体已经超负荷了。肚皮薄得快透明了，他们在娘胎里玩太空步时的小拳头和小脚印都能清晰地看到。脚肿成大象腿，几乎坐不起来了。给孩子们买了一套白色蕾丝的华丽婴儿服预备出院和祈福时穿，想象着那个样子画他们的时候，看到窗外环成一圈的白云，画着《天使诞生》。这幅画画得很吃力，但是觉得不画完，他们一定不肯出来。完成这幅画我就被换了病房，随时准备生产。腊月十五的月亮又大又圆，超越在 37 周第 5 天出生了：体重 2900g、2600g。

阵痛了一夜一天，我一直闷不吭声地忍着等待顺产，状况紧急，临时被医生决定剖宫产。主刀医当天已经连续做了四个剖宫产手术，我的手术结束后，医生累得蹲在手术室里。因为我有过敏史，麻醉比较少，人特别清醒，感觉到孩子从肚子里被抱出来时全身一轻，伸手摸了摸孩子的小脚，还在手术台上非常清醒地对主刀医生表示了感谢之意。

都说女人总是忘记阵痛，所以才能一生再生。阵痛是可以忘记，但孩子出生那一瞬却永远不会忘记。一直播放着轻柔音乐的手术室，被小家伙们出生时的啼声和医护人员的欢声瞬间变成繁华闹市，那种感觉真是最大的喜庆！

产后再次看到孩子时已是第三天。我全身插满了管子，麻醉效果在手术后迅速消退，各种疼痛一起袭来，四肢不能自己支配，嗓子火烧火燎，只能靠护士喂到嘴里的冰水漱口。印象里，从那天起到现在我就再也没睡过一次安稳觉了。血压升高到 180，因为身体状况危急，恢复吃饭时我的配餐只是稀粥，没有正常产妇配给的营养丰盛的催奶饮食，突然来袭的产后忧郁症……不安不眠的日夜……出院后，最初每隔两小时哭一次要喝奶换尿布的孩子们，慢慢变成一个白天哭一个晚上闹。通宵达旦地守护着他们，同时认真地做着详尽的日记，看着他们长出第一颗小牙的惊喜，接住他们第一步走向我时伸出的小手的欣慰，都成了所有辛苦的最大奖励。

孩子们还没满月就会做笑的表情，虽然那可能只是一种肌肉练习，但是他们现在真的成长为两个非常爱笑的孩子了。他们的笑曾经被幼儿园的老师称为"治愈系的笑容"。至今还清晰地记得推着双座婴儿车和着超市的音乐，对他们唱"遇见你真好，从现在起一直一直啦啦啦 HAPPY 万岁"时我们相对傻笑，并被路过的老奶奶笑的样子。即使生病去医院，他们也从来不哭，听诊时就咯咯地笑，并每次都能把医生和护士逗笑。

年复一年，我也从握紧他们绵软的小手带着他们东奔西走，到现在累了，可以靠着他们的肩膀歇息，遇到爸爸没时间帮忙的事就去向他们求助，甚至电脑手机不灵，也要

喊他们来救援。曾几何时，那觉得妈妈无所不能所向披靡似的崇拜依赖的眼神，变成了宽容和怜惜。曾几何时，寻求答案的提问，变成了指引和说服。

无论遇到开心还是难过的事，都能彼此述说和分享，他们从我的快乐天使，成长为我心灵停靠的港湾。和他们一起的这些年月也是我不停脚步学习与他们并肩一起成长的最美好最充实的时间，是人生中任何金钱荣誉都无法替换的珍贵岁月。

亲爱的超和越，感谢你们让我做你们的母亲，感谢让我在最近的距离和你们一起成长！

宝贝，生日快乐

菜谱 *MENU*

●白米饭 ●炸肉排 ●土豆芝士沙拉 ●火腿蛋花卷 ●竹管鱼糕蟹肉棒卷 ●清炒芸豆
●盐水西蓝花 ●甜煮胡萝卜 ●红肠花

小白熊、小白兔制作

* **材料：** 白米饭，火腿片，海苔，黑芝麻
* **做法：**
① 用保鲜膜包米饭，分别团成一个主体球形饭团做小熊和小兔的头。再用保鲜膜包米饭做出两个椭圆当小熊耳朵，小兔做两个条状饭团，捏两个小饭团。用干意粉❶(或意粉、意面)将饭团按图固定。

② 火腿剪圆片。

③ 海苔剪出眼睛、鼻子和嘴巴，粘贴在饭团上。

....
❶ 干意粉，指意大利面的实心长条粉在未水煮加热之前的状态。意粉由硬质小麦制成，耐煮有口感。在花式便当里常用干意粉来代替牙签固定和连接各种花式。干意粉在吸收了菜肴或米饭的水分后，会自动变软，食用安全同时不影响口味。

火腿土豆泥沙拉蛋糕制作

* **材料：** 土豆，火腿片，芝士片
* **做法：**
① 土豆蒸熟，去皮捣碎与切碎的火腿片一起加适量盐拌匀，用保鲜膜包裹做球形。

② 火腿片和芝士片用模具刻花形，用水果签固定在①上。

第二章
零基础花式便当教室

花式便当常给人看上去繁复难做的错觉，其实，只要掌握简单的技巧，任何人都能做出漂亮可爱的便当。一次便当的造型，可以简单地使用保鲜膜、小剪刀和两三个模具。掌握利用食材本身的色彩进行造型更为重要，色彩的对比、搭配、叠压后出现的阴影，都可以用来造型。用柴鱼干表现毛茸茸的小熊，把折叠的火腿片切刀后卷出的火腿花，等等。西蓝花含有丰富的营养成分，可以用它来做便当常备的填充菜，在圣诞节期间，还可以将它变身为圣诞树。

工具是辅助，便当的核心是吃便当的人。孩子在怎样的环境、怎样的身体状态下，需要什么样的营养，是最重要的，其次才是便当要表现的主题。有了这种概念，对食材选择的针对性和创作灵感便会油然而生，妈妈和孩子们都能拥有正确、健康、愉快的便当生活。

01

从这些工具开始
花式便当之旅

拥有一定的基本工具，
可以令花式便当的制作过程变得更加快捷，
造型更加漂亮。

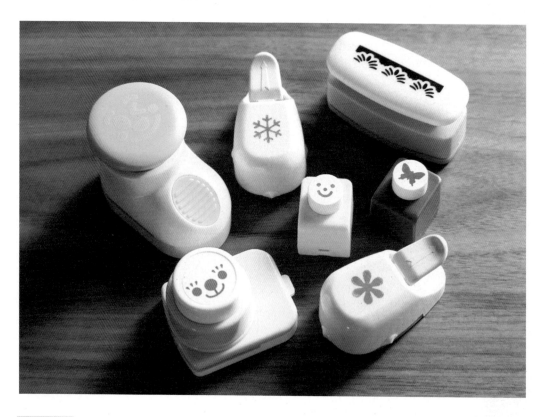

各种海苔夹

海苔夹可以在较短的时间里剪刻出各种形状的海苔，规则而且工整。

模具

在火腿片、芝士片及蔬菜等需要做出花式形状时，有了模具就会十分轻松地完成。除蔬菜模具外，还可以活用甜点模具。

纸盛杯和硅胶盛杯

盛杯可防止菜肴之间串味，使便当构成整洁。儿童便当可选择色彩鲜艳、形状不同的盛杯，使便当造型看上去活泼可爱，提高食欲。一次性纸盛杯可以减轻洗饭盒的负担，硅胶盛杯清洗后可以反复使用，经济且实惠。

隔纸

隔纸不仅可以防止菜肴之间移动和串味，同时也可以增加便当色彩、丰富造型，除了用成形的隔纸外，还可以运用沙拉菜等菜肴作为隔挡。

各种水果签

水果签在吃成块的菜肴或水果时十分便利,

同时,使用水果签,也可令便当形象更多样有趣。

菜刀，小剪刀，镊子

花式便当除了普通的烹饪菜刀外，

备用小而轻便的菜刀，更利于花式的制作。

小剪刀可以代替海苔夹剪出各种形状的海苔，同时也可以修剪火腿片。

选择小剪刀时，建议选择尖头或尖头微翘的。

尖头小镊子，是粘贴海苔及点缀细小装饰时的最大帮手。

各种筷架

筷架不仅让放置筷子时更方便卫生，

同时可以为餐桌增添色彩。

02

选对便当盒，
你就成功了一半

造型古朴的日式便当盒，木制、竹制、竹编便当盒

这种类型的便当盒，会很好地保持米饭的滋润，让菜品看上去更有食欲。

便当盒的选择是做便当的一个重要环节。除了根据孩子不同时期的饭量选择容量不同的便当盒外，单盒还是套盒，外观形象或简洁整齐或可爱俏皮，材质是木质、塑胶、铝制或不锈钢制，都会对便当内容和观感有一定的影响。建议预备两个以上便当盒，可以根据每天的状况及菜肴内容，更换不同的款式。

造型及色彩多样活泼的塑胶便当盒

这种类型的便当盒，不仅外观可爱，而且密封状态良好，开闭方便，比较便于孩子携带。

米也有分类吗

便当的米饭
可以有多种选择，
时常变变花样，
常保新鲜味觉。

黑米

或称紫米、紫黑米，糯米类，为稻米中的珍贵品种，营养丰富，有"长寿米"之称。

玄米（糙米）

稻谷去掉稻壳后的米，未被精白，富含维生素、膳食纤维和矿物质，作为健康食品备受瞩目。

白米

稻米精制米。呈半透明状，富有口感香味，是被广泛喜爱的主食之一。

十谷玄米

糙糯米、白糯米、黑大豆、红糯米、薏仁、黑糯米、小豆、黍米、糯米粟、小米的结合物，是深受欢迎的滋补佳品。

04 米饭的色彩秘密

1. 棕色米饭

✳ **材料:** 鱼露, 白米饭

✳ **做法:** 将鱼露混入白米饭, 搅拌均匀。

2. 粉色米饭

✳ **材料:** 苋菜汁(或煮草莓、火龙果汁等), 白米饭

✳ **做法:** 将苋菜汁(或花寿司素)混入白米饭, 搅拌均匀。

3. 紫色米饭

✳ **材料:** 黑米(或紫茄汁), 白米

✳ **做法:** 煮白米饭时混入少许黑米, 或用紫茄汁拌饭。

4. 绿色米饭

✳ **材料:** 菠菜粉, 白米饭

✳ **做法:** 将菠菜粉混入白米饭, 搅拌均匀。

5. 黄色米饭

✳ **材料:** 熟鸡蛋黄, 白米饭, 盐少许

✳ **做法:** 将煮熟的鸡蛋黄捣碎混入白米饭中, 加少许盐, 搅拌均匀。

6. 橙色米饭

✳ **材料:** 番茄酱(或鲑鱼松), 白米饭

✳ **做法:** 将番茄酱(或鲑鱼松)混入白米饭, 搅拌均匀。

05 可爱脸庞的黄金比

花式便当中经常出现各种动物和娃娃形象。在制作时，为了满足婴幼儿的喜好，可以将饭团做成圆形或略微横长的椭圆形，在粘贴海苔做的眼睛时，最好放在中线以下，五官稍集中些，这样看上去就会显得非常可爱。

06

三分钟日式创意

火腿花

选择薄火腿片，将火腿上下边对折，在折叠处从右至左顺序切5mm宽的刀口，

将切了刀口的部分向上卷起火腿片，用干意粉固定。

蛋卷火腿花

将火腿及蛋皮分别对折，

各在折叠处连续切长宽各5mm的刀口，

先将火腿片从头卷起做火腿花，

再将蛋皮包裹着火腿花卷起，

最后用干意粉固定。

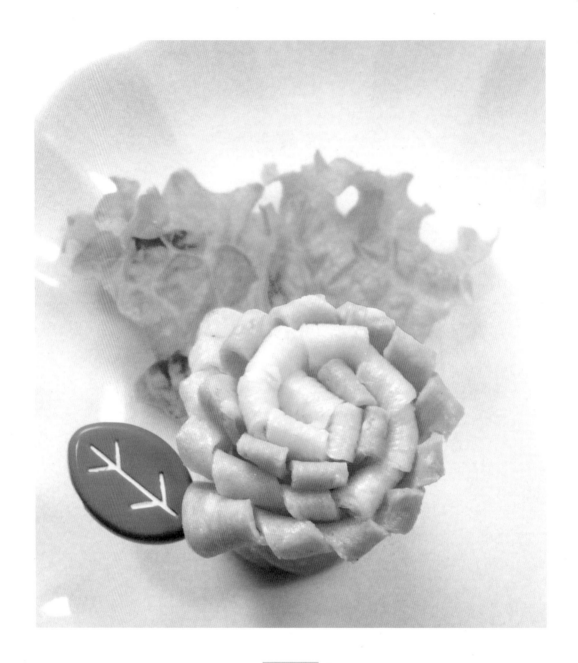

火腿蛋卷花

将火腿及蛋皮分别对折，各在折叠处连续切长宽各5mm的刀口，

先将火腿片和蛋皮叠放在一起，从头卷起，最后用干意粉固定。

香肠花

将香肠从中间切开，在断面处用模具刻印花形，

在花形的凹处切刀口，用沸水焯后成花。

香肠糖果

将香肠切掉两头，

中间部分交错切刀口，放入沸水焯过后，

将香肠两头对向放在中间部分的两端，

用干意粉串起。

香肠玫瑰

将香肠头切井字,

围绕香肠头竖切刀口一周,

向下移动同样再竖切刀口一周,

用沸水焯后成玫瑰形状。

香肠红心

选择红肠，从中间斜切开来，

反过来对放在一起，用水果签串起。

香肠章鱼

香肠下部斜切，在斜长部分切刀口后，用沸水焯。

然后粘贴芝士片和海苔的眼睛，及火腿做的嘴巴。

香肠墨斗鱼

上部用将火腿片切一半，将顶部左右各切开刀口，

卷起下面部分，缠绕在香肠上，香肠做法参见上一页。

秋葵海苔蛋卷

秋葵焯熟,擦干水分。

将蛋液加少许水淀粉和盐搅拌均匀,

1/3蛋液倒入烧热的煎蛋器,略熟后放进秋葵卷起第一层,

再倒剩下的1/3蛋液,铺海苔和第一层一起卷起,

将最后的1/3蛋液倒入,卷起煎熟,

凉后从中间切成两段。

蟹肉棒苹果蛋卷

将蛋液加少许水淀粉和盐搅拌均匀，

1/3蛋液倒入烧热的煎蛋器，

略熟后放进对贴的蟹肉棒卷起第一层，

再倒入剩下的2/3蛋液，卷起煎熟，

凉后从中间切成两段，

放上焯熟的西蓝花茎和黑芝麻。

香肠橡子果

将蘑菇去茎，用酱油、味啉炖熟出锅擦干，

香肠焯熟切头。

用油炸干意粉串起。

竹管鱼糕秋葵花

秋葵用盐水焯熟，擦干切成两段，

竹管鱼糕切一圈刀口，把秋葵插进鱼糕口。

竹管鱼糕蟹肉棒花

蟹肉棒展开成片，对折切刀卷起成花，

竹管鱼糕切一圈刀口，把蟹肉棒花插进鱼糕口。

鱼糕玫瑰

用刮刀将鱼糕(也可用较粗的鱼肉香肠代替)刮薄片，

折叠着卷起。

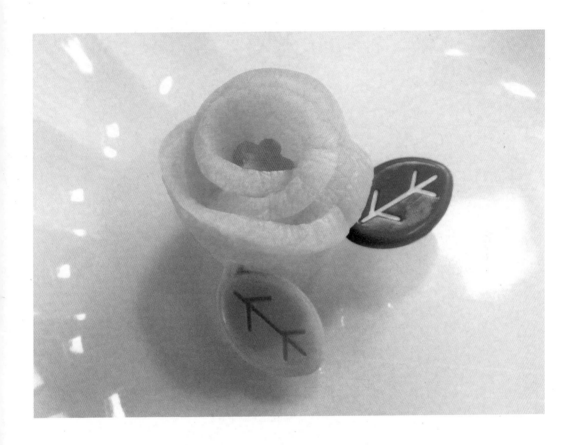

腌萝卜玫瑰

腌萝卜切三至五片薄片，重叠卷起，

中间加胡萝卜细丝。

鱼肠小兔

鱼肠切三片，一片对切成两半做耳朵，一片做面孔，一片用模具切出形状后做底座，用干意粉连接。

海苔剪出五官，粘贴在中间面孔部分。

香肠小兔

粗香肠切头部做小兔面孔,

细香肠竖切两半做耳朵,鱼肠用模具切出形状做底座。

鹌鹑蛋小兔

鱼糕切两小条做耳朵连接在鹌鹑蛋上,

用海苔剪出眼睛和嘴巴,鱼肠用模具切出形状后做底座。

圣女果娃娃

用芝士片切小圆做眼白，

火腿做腮红，

海苔剪出眼睛和嘴巴。

用美乃滋、沙拉酱或番茄酱做浆糊粘贴。

鹌鹑蛋小兔

胡萝卜焯熟切小条两根做耳朵，

火腿片做腮红，

海苔剪出五官。

用美乃滋、沙拉酱或番茄酱做浆糊粘贴。

西瓜

黄瓜切片，胡萝卜切片，

用同样的圆形模具扣圆后切成两半，

将胡萝卜的半圆契合在黄瓜上，

粘上三颗黑芝麻。

第三章

藏在四季里的花式便当

春季便当

家附近有两个公园，一个是邻居们时常利用的小型公园，有简易的健身器具，紫藤廊和孩子们游戏用的沙场、秋千、摇车、滑梯及足球场。公园里可以遥看地标塔，召开四季各种集会。春天时樱花灿烂炫目，配着本地区唯一的大型游乐园式圆木屋，景色别具风味。圆木屋里面有不少纯木质的游戏和锻炼用的器具，是小朋友们放学后的集中地。孩子们小的时候，我几乎每天都带他们来这里与大家一起玩耍。

另一个则是市内其他学校远足的著名景点——森林公园。森林公园和日本最古老（1866年）的洋式竞马场相连接，有著名的"竞马纪念公园"。整个公园占地面积184059㎡，四季鲜明，除了马博物馆、乘马场外，还有散步路、草坪广场、樱花山、梅林、自由广场、备有贯穿山坡的长滚滑梯的玩具广场、花园咖啡店和碧绿的池塘等。每年都吸引大批踏青赏花的人们前来游玩。这里空气清新，春夏秋冬极尽美丽，也是我们晨跑和夏日晒太阳的好地方。

相传，日本的樱花树是"稻神寄身的树"，樱花盛开时稻神来到山下和人们一起分享美食，祈祷丰收。平安时代贵族中流行开宴咏诵诗歌，以及赞美樱花的"观樱仪式"，至江户时代，日本各地出现了大量樱花名胜景区，渐渐形成现在的春季赏樱花行乐。

百年樱木新花绚烂，缤纷的花树下亲朋好友欢聚一堂，是日本春季最美的风景之一。每年三月中下旬，樱花盛开的周末，我就会连夜备料，凌晨起来做三四盒家族式套餐便当，中午前后太阳暖起来时，带着孩子们一起去公园赏花野餐。

森林公园的赏花大会有当地鼓乐队前来助兴，会场人山人海，吃喝谈笑，热闹非凡。赏花最有趣的，不仅是看花，还有看赏花的人：有职场的同僚摆桌对饮，有家族亲人团聚欢笑，有时还会看到几十人的大群年轻男女在草坪上铺好塑料垫布，摆出折叠长桌，周围放上许多箱啤酒和饮料，每人身上挂着名牌，上面写着姓名、出生地和爱好，不知是大学新生或职场新人交谊，还是相亲大会。日本四月开始新年度，所以毕业季和开学新工作带来的再见与相逢都在盛放的樱花下演绎着淡粉色的剧情。

最单纯的是孩子们，只要有美食，有爸爸妈妈的陪伴，就会感到幸福满足。吃饱喝足，他们开始在柔嫩的草坪斜坡上打起滚来，然后绕场跑一周，再回到爸妈身边裹上毛毯躺着晒太阳。

据说樱花在清晨和晚上着露时最娇美，所以日本人也很喜欢赏夜樱，比较大的樱花景点都会有景观照明，夜色中的樱花别有一番妖艳和梦幻感。樱花不仅盛开时绚烂，散花时也优美，四月的晴天里逆光翩飞的花瓣，仿佛阳光的鳞片。当年五岁的儿子，肉肉的小手捧着粉色的樱花瓣笑嘻嘻地跑到我跟前说："妈妈，给你SAKURA SNOW(樱花雪)！"

赏花便当

01

一起去看四月晴天里逆光翩飞的花瓣。

菜谱 *MENU*

（图1）● 白米饭　● 三种菜盐饭　● 盐水芦笋　● 鱼糕樱花

（图2）● 草莓樱花慕斯

（图3）● 炸大虾　● 油炸虾球馄饨　● 贝柱可乐球　● 葡萄　● 草莓

（图4）● 黑醋糖醋肉排　● 番薯素炒青菜　● 多味大虾　● 酱肉　● 炸鸡块
　　　 ● 地三鲜　● 什锦沙拉

熊猫饭团制作

✳ **材料：**白米饭，海苔
✳ **做法：**

① 白米饭用模具扣出熊猫形。(图5)

② 用海苔夹剪出熊猫黑色部分粘贴在熊猫形饭团上。(图6)

1	2
3	4

02　踏青便当

一家人的公园踏青，是春天最暖的记忆。

菜谱 *MENU*

（图1）●白米饭翅膀　●火腿片鲑鱼松饭团小仙子　●黑芝麻盐饭团
　　　　●酱瓜饭团　●五色黏米粒饭团

（图2）●三色椒肉卷　●盐水大虾　●素味芦笋　●蟹肉棒海苔蛋卷
　　　　●圣女果　●盐水西蓝花

（图3）●鸡肉卷夹馅面包　●牛肉卷夹馅面包　●曼哈顿肉卷派

（图4）●草莓　●猕猴桃　●葡萄　●蓝莓　●牛奶慕斯

早春便当

雪中绽放的红梅是报春的使者。

菜谱 *MENU*

◎白米饭 ◎蛋味菜盐米饭 ◎番茄酱意
粉 ◎可乐饼 ◎烤鲑鱼 ◎炸鸡块
◎厚煎蛋饼 ◎五色沙拉菜 ◎西蓝花
◎盐水胡萝卜 ◎火腿花 ◎圣女果

雪仙子制作

✳ 材料：白米饭，粉色蛋味菜盐米饭，番茄酱意粉，海苔

✳ 做法：

① 白米饭拌粉色米饭后，用保鲜膜包裹，团成一个主体球形饭团和两个小圆饭团，做面部和双手。

② 将番茄酱意粉摆在脸形两侧。

③ 在意粉做的头发上堆上白米饭做帽子。(图1)

④ 用海苔剪出眼睛和嘴。(图2)

桃花节便当

04

桃花盛开的季节，将妈妈对女儿的祝福装进便当。

菜谱 *MENU*

● 鱼露拌饭 ● 寿司甜醋米饭 ● 炸鱼 ● 三丁虾仁 ● 煎蛋饼
● 西蓝花 ● 火腿花 ● 红肠花 ● 圣女果

小熊小兔雏人偶制作

✱ **材料**：鱼露拌饭，寿司甜醋米饭，薄蛋饼，鱼肠，芝士片，蟹肉丝，
　　 海苔

✱ **做法**：

① 白米饭分别拌鱼露和寿司甜醋，用保鲜膜包裹，团成两个主体
　 球形饭团做面部，鱼露棕色饭团捏两个小球形做耳朵，一个三
　 角形做身体部分。粉色寿司甜醋饭捏两个条状饭团做耳朵，一
　 个三角形饭团做身体部分。

② 煎薄鸡蛋饼，围在三角形饭团上，再用蟹肉棒丝做成衣领。

③ 分别用芝士片和粉色鱼肠做出耳朵及头饰。

④ 用海苔剪出眼睛和嘴。

05 远足便当

带着便当去看山看水看世界。

菜谱 *MENU*

● 鱼露拌饭 ● 粉色菜盐米饭 ● 煎鸡肉块 ● 煎蛋饼 ● 西蓝花
● 竹管鱼糕火腿花 ● 香肠花 ● 腌萝卜花 ● 胡萝卜花

小熊小兔饭团制作

✳ 材料：鱼露拌饭，粉色菜盐米饭，红肠小帽，胡萝卜蝴蝶结，
芝士片，海苔

✳ 做法：

① 白米饭分别拌鱼露和寿司甜醋，用保鲜膜包裹，团成一个主体
球形饭团做面部，鱼露棕色饭团捏两个小球形做耳朵；粉色菜
盐米饭捏两个条状饭团做耳朵。(图1至图5)

② 红肠切开后错开位置对接在一起，用果签固定做帽子。

③ 焯好的胡萝卜用模具刻蝴蝶结。

④ 海苔剪出眼睛和嘴，放在芝士片切出的椭圆上。

06 一起去动物园便当

周末开着车和爸爸妈妈一起去动物园吧！

菜谱 *MENU*

● 鱼露拌饭 ● 寿司甜醋饭 ● 炸大虾 ● 芝士紫苏肉卷 ● 双色肉卷
● 火腿蛋花卷 ● 香肠玫瑰花 ● 炸鱼肉饼 ● 鱼肠 ● 圣女果

小熊饭团制作

＊**材料**：鱼露拌饭，白米饭，芝士片，海苔
＊**做法**：
① 白米饭分别拌鱼露，用保鲜膜包裹，做小熊造型，白米饭团捏小球形做嘴巴。
② 芝士片切花做耳朵。
③ 海苔剪出五官。

小汽车饭团制作

＊**材料**：白米饭，鱼肠，芝士片，海苔
＊**做法**：
① 白米饭用保鲜膜包裹，捏成拱形饭团做车身。
② 鱼肠切片，中间粘贴菱形芝士片。
③ 海苔剪出车窗。

小狐狸饭团制作

＊**材料**：寿司甜醋拌饭，胡萝卜，海苔
＊**做法**：
① 白米饭拌寿司甜醋，用保鲜膜包裹，捏三角形饭团。
② 胡萝卜用开水焯好切三角形。
③ 海苔剪出眼睛、鼻子和胡须。

狮子制作

＊**材料**：炸鱼肉饼，芝士片，海苔
＊**做法**：
① 鱼肉饼用模具刻花形。
② 芝士片刻脸部。
③ 海苔剪出五官和胡须。

男儿节便当

五月高升的鲤鱼旗是对宝贝健康成长的祝福。

菜谱 MENU

●番茄酱炒饭 ●龙田炸鸡 ●炸大虾 ●豌豆虾仁沙拉 ●火腿蛋花卷 ●厚煎甜蛋卷 ●蜜瓜, 黄桃, 草莓 ●双色瑞士卷蛋糕

小男孩饭团制作

* **材料:** 番茄酱炒饭, 芝士片, 火腿片, 胡萝卜, 海苔
* **做法:**
① 番茄酱拌匀炒饭, 用保鲜膜包裹, 捏一大两小球形饭团。
② 芝士片和火腿片拼切成头盔形状, 配饰上用胡萝卜刻出的星形。
③ 用海苔剪出五官。

08 小熊和气球便当

送你一个气球，让我们做好朋友。

菜谱 MENU

◉番茄酱炒饭 ◉炸鱼块 ◉秋葵蛋卷 ◉红肠鲤鱼旗 ◉盐水西蓝花
◉葡萄，猕猴桃

小熊武士饭团制作

* **材料：**番茄酱炒饭，白米饭，芝士片，火腿片，蟹肉棒，海苔
* **做法：**

① 番茄酱拌匀炒饭，用保鲜膜包裹，捏一大一小两个球形饭团和
一个条形饭团。(图1至图3)

② 芝士片和火腿片拼切出头盔模样。

③ 白米饭捏三角形，将蟹肉棒展平，贴在三角形饭团上。用芝士
片刻星形装饰在小熊衣服上。

④ 用海苔剪出五官。

1 2 3

09 照照小僧便当

明天会晴天吗?

菜谱 *MENU*

- 蛋炒饭 ● 寿司甜醋饭 ● 可乐饼 ● 蟹肉棒蛋卷
- 鸡肉炒芦笋蘑菇 ● 西蓝花 ● 鱼肠 ● 葡萄

照照小僧制作

✳ **材料:** 火腿片,芝士片,海苔

✳ **做法:**

① 将模具刻出的芝士片和火腿片叠压。

② 粘贴海苔剪出的五官。

紫阳花饭团制作

✳ **材料:** 蛋炒饭,寿司甜醋饭,鱼肠,芝士片,干意粉

✳ **做法:**

① 将蛋炒饭和寿司甜醋饭用保鲜膜包裹,各团成球形饭团。

② 芝士片和鱼肠片刻出花形,用干意粉分别固定在饭团上。

10

小兔雨季便当

紫阳花是雨中的花伞。

菜谱 *MENU*

●白米饭 ●蛋味菜盐饭 ●豌豆蛋卷花 ●双色肉卷 ●炸鳕鱼块
●鱼糕 ●西蓝花 ●鱼肠 ●蜜瓜

小兔饭团制作

❋ 材料:白米饭,鲑鱼松,鱼肠,胡萝卜,海苔

❋ 做法:

① 将白米饭裹鲑鱼松,用保鲜膜包裹,捏球形饭团,另捏两个小的球形饭团。(图1)

② 鱼糕切较厚的条状饭团做小兔耳朵,装饰上鱼肠和胡萝卜。

③ 海苔剪出五官。(图2)

紫阳花饭团制作

❋ 材料:粉色蛋味菜盐饭 ,鱼肠,干意粉

❋ 做法:

① 将蛋味菜盐饭用保鲜膜包裹,团成球形饭团。

② 鱼肠切片刻出花形,用干意粉固定在饭团上。(图3)

西蓝花青蛙制作

❋ 材料:西蓝花 ,芝士片,胡萝卜,海苔

❋ 做法:

① 西蓝花用盐味开水焯过后,沥干水分备用。

② 芝士片用牙签刻出眼睛和嘴,胡萝卜焯熟后刻花,海苔剪成两个圆形。

1
2
3

11　运动会便当

菜谱 *MENU*

(图1) ● 鲑鱼松娃娃饭团　● 菠菜蛋皮菠菜松饭团　● 番茄酱蛋皮蛋
　　　黄饭团　● 西蓝花
(图2) ● 双色方格鸡肉卷　● 海苔蛋卷　● 盐水豌豆　● 香肠玫瑰
(图3) ● 芝麻香鸡柳　● 干烧大虾　● 圣女果
(图4) ● 咖喱肉炸饺
(图5) ● 巧克力芝士球炸馄饨　● 葡萄　● 猕猴桃

夏季便当

夏天的焰火是日本的风物诗，每年都是焰火大会伴着盂兰盆节一起宣告着进入暑假，公司学校大型连休，日本人携家带眷归乡祭祖拜神再来个海水浴之后，秋天也就要到了。

每年七月末，电视台都会现场直播各地焰火大会的盛况，如果没时间出门，也可以坐在电视前欣赏有艺人助兴的焰火大会。不过，大多数人还是愿意自己去体验。

第一次去焰火大会，是刚来日本不久的一个遥远的夏天。乘坐的电车接近隅田川站时，人已挤得爆满。头上别着各样发饰、穿着绘有艳丽花卉的夏日和服、拎着玲珑织锦手袋或执团扇的女孩子三五成群，叽叽喳喳笑闹不停。开足冷气的车厢也因为她们而热气腾腾。

黛蓝色天空被楼房切割成 V 字形，刚刚随着人潮涌进狭长的住宅区，焰火散出的花环便霍然映入眼帘。大伙一面"喔""啊"地感叹，一面加快脚步。好容易在早已坐得满满的人堆里找到空位坐下来，环顾四周，不免叹服日本人的井然有序：地面由大家带来的各色垫布铺满，人们将脱下的鞋子装在塑料袋中，打开便当盒，开了啤酒罐和软饮料，身边还不忘放上个口袋以备收拾吃剩下的垃圾……

焰火在夜空中闪烁不停：有日本传统的多重花芯向外大朵绽放的"菊花"，亦有飞扬的金星缓缓坠落，在消失之际噼啪地碎成点点光露的"垂柳"；有辉煌斑斓的"彩色满星"、万华镜似的"未来花"、如星光飞雪的"涟漪菊"、更有各色小蕊齐放的"彩色千朵菊"……当飞来飞去的银蜂"飞游星"闪烁之后的小憩一过，造型简单风趣的"草帽""米老鼠""风信子""眼镜""笑脸"等焰火便升上天空。因为角度不同，天上那火星有时会走了形，有时会散了架，人群中不时传出阵阵哄笑声，大人小孩儿们齐声叫喊着它们的名字，一直屏气凝神的会场笑浪滚滚，气氛变得和缓而松弛。时近尾声，随着音乐四起，鎏光倾泻的"星之海"将焰火大会推向了高潮。震耳欲聋的爆裂声和人们的欢呼声缠成一团，在夏夜里远远地扩散开来。

第二次跑去看焰火晚会是三年后横滨的大黑埠头。对岸闪烁着蓝辉的虹桥，傍着荧光点点高耸入云的地标塔，衬上世界最大的时钟形七色观览车，清晰地倒映在无风无浪的海面上；缀在夜空的一轮明月静静地俯瞰那挂满红灯笼的游船，如何将这眼前的风景划成细碎的光纹。潮湿的夜风带着微凉，令人有说不出的惬意。同时也期待着下次能够坐在挂着红灯笼的游船上，吃着美味的日料，手摇团扇，凭舷仰看头上满开的牡丹星；或是浸身于温泉，啜口香酒，遥望海中艳丽的火柱。"和你在一起的夏天，似在遥远的梦中，仿若夜空里消散的焰火。""焰火"也常常出现在歌曲里，咏唱那些燃烧的热情，和如夏日焰火一样绚烂绽放的记忆。

在夏季里，别具风情的是我们常在日剧中看到的线香烟花。中国孩子小时候的焰火记忆，是冬季逢年过节大街小巷的鞭炮齐鸣。当年我们拎着爸爸给做的红色棱线环绕的灯笼站在院中，等着妈妈来点燃灯笼里的红蜡烛。贴在灯笼玻璃罩上的红色纸蝴蝶是外婆剪的，当烛火一抖一抖的燃亮时，随着我们摇摇晃晃的脚步，烛光和蝴蝶在坑坑洼洼的雪地上翩然旋舞着、扩展着……女孩子不敢放炮仗，就是去拣些臭炮，掰开来，用香火引燃，东北人叫作"呲花"。这称呼大约是由那火星喷射时发出的"呲呲"声音而来的吧？我不能确定。记忆里，比起"呲花"来，灯笼点燃的瞬间更加炫目耀眼。

日本的线香烟花很像我们小时候玩的那种"呲花"，只是样子要好看得多。细长的杆儿上缠绕着花花绿绿的亮纸，点燃引火线，火花从那里喷射开来，进出一片火星，淡淡的，给人带来那么点儿惊喜和那么点儿惆怅，有一种静谧的、不嚣张的美。线香烟花的制造匠人传至最后一辈是位老妇人，日本虽然对传统工艺保护备至，仍无法改变它的命运。然而线香烟花的人气年年不落，每逢夏季，日本人必会成帮结群穿上和服，或在海边或在公园或在院子里点燃线香烟花。现在的线香烟花则大多是中国制造的。

出生在日本的孩子们第一次体验焰火大会，是日本著名的明治神宫的"神宫外苑"盛大焰火晚会。我们没有到会场，而是聚到住在东京六本木高层公寓的日本友人家里，朋友们男男女女都穿着夏日和服，自带和、洋、中各色酒菜，主人优子小姐和妹妹还为大家准备了一桌佳肴美酒，燃起烛火，在昏黄的光影中吃喝谈笑，酒足饭饱时，也正是公寓大厦对面明治神宫焰火升起之时，大家三三两两捧着西瓜走到阳台上坐下来观看漫天爆洒的缤纷色彩。孩子们兴奋地从一个屋子跑到另一个屋子，吃块西瓜，在妈妈怀里撒一会儿娇，抓了个芝士饼，又跑到叔叔阿姨怀里坐上一会儿，玩得不亦乐乎。

家附近有个以樱花著名的公园。在公园里可以遥望横滨港都未来的地标塔，也可以看到每年夏季的焰火。每年这里都会有远眺焰火的聚会。不过到了夏天我们还是选择开车去海滨公园，坐在海边和这个城市里的其他亲人们一起观赏焰火晚会。横滨是个国际化的都市，因此感觉前来这里观看焰火的人们更加开放、也更有洋味，穿着性感晚礼服、浓妆艳抹的美女，给焰火大会带来另一种夏日情怀。看焰火绝对离不开美食，家家户户都会准备几盒套装的"焰火行乐便当"，内容包括主食菜肴和小点心，外加啤酒。一面吃，一面观赏焰火，一面在震得心头咕咚咕咚的爆响声中鼓掌叫好。和孩子们一起的暑假，也就这样绚丽地拉开了帷幕。

12 焰火大会便当

菜谱 *MENU*

(图1) ● 紫菜焰火饭团 ● 鱼子菜松饭团 ● 五色芝麻盐饭团
● 彩色菜松饭团 ● 蛋松紫菜饭团 ● 火腿花

(图2) ● 三色椒鸡肉卷 ● 素煎大虾 ● 盐味西蓝花 ● 酱肉
● 双色糖醋拌菜

(图3) ● 秋葵蛋卷 ● 番茄酱肉馅炸饺 ● 盐水毛豆 ● 圣女果
● 葡萄 ● 草莓

(图4) ● 什锦水果冻

吃西瓜的小熊便当

13

吃上一口又甜又沙的大西瓜，清爽入心。

菜谱 MENU

○白米饭 ○柴鱼片 ○蟹肉可乐饼 ○薯条肉卷 ○鱼糕花 ○香肠鹌鹑
蛋太阳花 ○甜面豆 ○盐水西蓝花,胡萝卜 ○黄金奇异果,樱桃

| 1 | 2 |

小熊制作

✻ 材料: 米饭, 柴鱼片(也可以用肉松代替), 海苔

✻ 做法:

① 将米饭用保鲜膜包裹捏两个大的球形和四个小的球形饭团,将作为面部和耳朵的饭团粘接在一起。

② 将柴鱼片撒在盘子里,再把①的所有饭团放进盘子滚动,粘好柴鱼片。(图1)

③ 用干意粉将所有饭团粘接固定后,捏个小小的白色饭团放在脸中间做嘴巴。

④ 海苔剪出五官。(图2)

摘花的小兔便当

从万紫千红的花园里，摘一朵花送给你。

菜谱 MENU

●白米饭 ●炸肉排 ●蔬菜肉卷 ●玉米可乐饼 ●鸡蛋花卷 ●香肠
小熊 ●沙拉菜 ●草莓

小兔制作

* **材料：**米饭，蟹肉棒，鱼肠，海苔
* **做法：**
① 将米饭用保鲜膜包裹捏成一个大的球形饭团，一个三角形饭团，一个小的球形饭团，再捏两个条状饭团。将作为面部和耳朵的饭团粘接在一起。

② 蟹肉棒展开成片，包裹在三角形饭团上。

③ 鱼肠用模具刻出小花，再用干意粉固定在包裹了蟹肉棒的三角形饭团上。

④ 海苔剪出五官。

香肠小熊制作

* **材料：**圆形香肠，细香肠，海苔
* **做法：**
① 将细香肠分别切四段，有圆头的一个用意粉固定在圆形香肠上。

② 两个小香肠固定在圆形香肠上做耳朵。

③ 海苔剪出五官。

15 # 母亲节便当

妈妈，谢谢您。

菜谱 *MENU*

●白米饭 ●炸鸡肉块 ●秋葵蛋卷 ●火腿花 ●西蓝花 ●草莓

献花小熊制作

＊ **材料：**米饭，鱼肠，海苔
＊ **做法：**

① 将米饭用保鲜膜包裹捏一个大的球形饭团，一个梯形饭团，六个小的球形饭团。将作为面部和耳朵的饭团粘接在一起，固定在梯形饭团上。

② 把其他四个小球饭团，按四肢比例分别固定在梯形饭团上。

③ 鱼肠用模具刻出小花、圆形和心形，分别固定饭团上。

④ 海苔剪出五官。

香肠康乃馨制作

＊ **材料：**红肠
＊ **做法：**

① 红肠底部切成锥形。

② 红肠顶部切三刀后，环绕顶部在侧面叠压切二至三层刀口。

③ 在开水中焯过后，插在果签上。

16 小象和妈妈便当

我和妈妈一样有长长的鼻子。

● 粉色菜盐米饭　● 香肠小象　● 炸鱼排　● 火腿蛋花卷　● 香肠花　● 芝士蝴蝶　● 西蓝花

大象制作

＊材料: 粉色菜盐米饭, 火腿片, 海苔

＊做法:

① 将粉色菜盐米饭用保鲜膜包裹捏一个带长鼻子的大象形饭团。

② 火腿片切成半月形, 固定在大象头的饭团上。(图1)

③ 海苔剪出五官和鼻子上的褶纹。(图2)

香肠小象制作

＊材料: 香肠, 海苔

＊做法: (图3)

① 一根香肠切成两段, 一部分留出前面作为鼻子的部分, 后面切断, 作为小象头部。

② 另一部分切掉两片, 作为象耳朵, 剩余部分为身体底座。

③ 将所有香肠切出的小象部件, 用干意粉固定。

④ 海苔剪出五官。

小象衣服制作

＊材料: 薄蛋皮(鸡蛋, 盐少许), 干意粉

＊做法:

将鸡蛋打散, 加少许盐, 煎成薄蛋皮, 用厨房小剪刀剪成"凹"字形, 再以干意粉固定在躯干的香肠上即可。

鲸鱼便当

听听大海的故事。

菜谱 *MENU*

●烤鲑鱼肉米饭 ●香肠章鱼 ●炸肉排 ●盐水大虾 ●双色蛋卷
●火腿芦笋

鲸鱼制作

✳ **材料:**白米饭,烤鲑鱼,芝士片,薄蛋饼,海苔
✳ **做法:**

① 鲑鱼肉烤熟后撕碎,保鲜膜上放米饭,加入鲑鱼肉,包裹起
来团两个圆形饭团。

② 芝士片用牙签划出两个小圆形做鲸鱼的眼白,再划出鲸鱼
尾巴形。

③ 海苔剪半圆,包裹在其中一个饭团上。海苔剪丝,粘贴在
空白处。

④ 海苔再剪两个圆形,以及鲸鱼尾巴形,分别粘贴在眼睛和
尾巴部分。

香肠章鱼制作

✳ **材料:**香肠,海苔,芝士片
✳ **做法:**

① 一根香肠斜切成两段,长的部分切四至五刀,开水焯,使之
略翻卷。

② 海苔剪出眼睛的圆形,粘贴在芝士片上。

小狗便当

在太阳下撒欢。

菜谱 *MENU*

● 白米饭　● 肉排小熊　● 虾仁炒蒜毫　● 火腿蛋卷花　● 香肠花
● 西蓝花

小狗制作

＊ **材料：** 白米饭，甜煮黑豆，海苔
＊ **做法：**
①　将白米饭包裹起来团一大两小三个圆形饭团。
②　海苔剪出五官粘贴在饭团中心偏下部分做小狗的五官。
③　甜煮黑豆用干意粉固定。

肉排小熊制作

＊ **材料：** 肉排，香肠，鱼肠，海苔，芝士片
＊ **做法：**
①　煎圆形肉排备用。
②　芝士片用牙签刻一个大的椭圆形和两个小的圆形。
③　海苔剪出眼睛的圆形，粘贴在芝士片上。
④　香肠切下两头用干意粉固定在上方两部做耳朵。
⑤　鱼肠用模具刻出粉色小花，用干意粉固定。

秋季便当

儿子的学校有一个很大的农场，种植了各种蔬菜。春天里，孩子们在老师的指导下播种，进行浇水和除草活动；暑假里，孩子们和家长一起分担给蔬菜浇水的任务。参加暑假浇水的孩子们还会得到采摘夏季菜蔬的奖励，每次他们欢天喜地地从口袋里掏出小西红柿、青椒捧在小手里递给我时，都会很得意地嘱咐："妈妈，今晚吃这个，这是我种的！"

　　孩子学校的农场在市里很有名，每年到了秋末，就会举办"秋季大收获节"。收获节前期，由校内各年级各班的学生们自己讨论决定当年的大锅炖菜的主题，并自己绘制海报，写下标语和菜谱。大锅炖菜是日本非常营养可口的家常菜的一种延伸，小学一年级至六年级各班总和，将设计近20种大锅炖菜的主题，然后再由学校专业的营养师和负责学校饮食服务的专门人员，根据孩子们设计的炖菜主题，用肉类、海鲜、豆类及各种农场里收获的蔬菜，配成盐味、酱味、西式焖菜味、煨菜味、咖喱味等多种大锅炖菜。三年级的时候，我家小弟弟越设计的主题锅被大家一致赞成而采用了。

　　我从孩子们一年级起到五年级，每年都报名参加大锅菜的烹调工作。收获节当天清早，我和另外两位同班的妈妈们一起，来到学校的大厨房。每个年级每个班，都有三位妈妈担任主厨。学校的负责营养师，是著名的旅行美食家，她品尝过各地料理，更做得一手好吃又营养的美食，孩子学校的午餐，在市立学校里也负有盛名。妈妈们在营养师的指导下洗菜、切菜、焯菜、下锅配料，而给锅子下肉和海鲜、蛋类，则由学校的饮食服务人员负责，最后由营养师亲自进行调味。这样20种不同味道和内容的美味大锅炖菜就正式诞生了。

　　烹调中的卫生管理相当严格，大家都戴着头巾和口罩，手也要经过消毒。

　　在妈妈们忙碌时，孩子们也没有闲着，他们在校园广场为各位家长和亲朋邻里们表演着与老师一起编排并自制服装道具的节目，有舞蹈，有话剧，有唱歌也有猜谜，当然主题都离不开农场和农场的蔬菜，表演的同时也向帮学校服务农场的

各位家长志愿者致辞感谢。节目结束后，孩子们回到体育馆，和伙伴们分组坐好，拿出事前预备的碗筷及自备的饭团，与来参加活动的家人们一起等待派饭。

负责烹饪的妈妈们同时负责派饭，为大家一个个装满汤碗，孩子们兴高采烈地排队等待捧回热乎乎的炖菜。派好所有人的饭菜后，大家一起合掌感谢为大家献上美味的妈妈和老师们，感谢大自然给予的丰厚收获，然后一边聊天说笑一边开心地吃起来。

收获节让孩子们在收获了美味和营养的同时，也收获了自己用汗水和劳动换来的成果，同时收获了来自老师和父母的爱。

小兔赏月便当

赏月吃月饼祈福团圆。

| 1 | 2 |

菜谱 *MENU*

● 粉色菜盐米饭 ● 双色菜肉卷 ● 炸鸡块 ● 火腿蛋卷 ● 胡萝卜月饼
● 圣女果

小兔制作

＊材料：粉色菜盐米饭，鱼肠，海苔

＊做法：

① 白米饭拌粉色菜盐，用保鲜膜包裹起来团一个圆形，两个长条
　 形和两个小球形的饭团，连接饭团。(图1)

② 鱼肠用模具刻出蝴蝶结形，以干意粉固定在饭团上。

③ 海苔剪出五官。(图2)

胡萝卜月饼制作

＊材料：盐水胡萝卜

＊做法：

① 胡萝卜切较厚的片，以"菊花"形模具刻外形后，再用刀雕出
　 花瓣。

② 水烧沸后加盐，将胡萝卜焯熟。

③ 胡萝卜中心部用小花形模具刻花后，向后推分出层次。

20 小丑便当

小丑带来欢乐的表演。

菜谱 *MENU*

● 白米饭 ● 蟹肉棒帽子 ● 菜肉卷 ● 鹌鹑蛋花 ● 鱼糕玫瑰 ● 香肠花 ● 鱼肠星星 ● 圣女果花

小兔制作

* **材料：** 白米饭，蟹肉棒，芝士片，红肠，海苔
* **做法：**
① 白米饭用保鲜膜包裹起来做成水滴形饭团，尖端部分稍弯曲。
② 蟹肉棒撕开成片，包裹在饭团上做成尖帽。
③ 芝士片用牙签划出"山"形，做小丑的头发。
④ 切红肠头做鼻子。
⑤ 海苔剪出五官。

21 KITTY 化妆舞会便当

换上盛装去参加万圣节游行。

菜谱 *MENU*

● 番茄酱炒饭 ● 白米饭 ● 龙田炸鱼块 ● 青菜炒鱿鱼 ● 双色香肠
● 蘑菇 ● 胡萝卜枫叶 ● 西蓝花

KITTY 制作

✱ **材料:** 番茄酱炒饭,白米饭,薄蛋饼,芝士片,蟹肉棒,海苔

✱ **做法:**

① 番茄酱炒饭用保鲜膜包裹,团成圆形后,在上方两头捏出尖角,呈
猫头形状。

② 白米饭分别团成三角形和大小各两个球形。

③ 将②的三角形饭团包上海苔,并贴上蛋饼做裙子。

④ 将①和③连接在一起,上面放上②的小饭团。

⑤ 芝士片切椭圆形和蝴蝶结形,椭圆形做KITTY的面部,蝴蝶结形
上粘贴蟹肉棒做的红色蝴蝶结形。

⑥ 海苔分别剪出眼睛、胡须、南瓜怪的眼睛和嘴,以及裙子上的蝴
蝶结。

⑦ 最后用车达芝士片(或蛋饼)切小圆,做KITTY的鼻子。

22 轻松熊万圣节便当

一起去领糖果！

菜谱 *MENU*

- 番茄酱炒饭 ● 鱼露拌饭 ● 秋葵肉卷 ● 紫菜蛋卷 ● 火腿花 ● 香肠糖果
- 鹌鹑蛋妖怪 ● 西蓝花

轻松熊制作

＊材料：鱼露拌饭，芝士片，海苔

＊做法：

① 鱼露拌饭用保鲜膜包裹，团成一大两小的球形饭团，再捏两个小的椭圆形饭团。(图1)

② 用黄色芝士片切出两个半圆，做耳朵；白芝士片切圆形，做嘴巴。(图2)

③ 用海苔剪出五官(图3)，并剪出帽子形。

④ 把帽子形的海苔贴在芝士片上，然后顺着海苔形状，用牙签切割芝士片。

南瓜怪制作

＊材料：番茄酱炒饭，西蓝花茎，海苔

＊做法：

① 将番茄酱炒饭用保鲜膜包住后团成椭圆形饭团，并用力扎紧收口处，形成条纹。(图4、图5)

② 用海苔剪出两大一小的三角形和"W"形，粘贴在①的饭团上。(图6)

③ 开水焯熟西蓝花茎，插在饭团顶部。

1	2	3
4	5	6

23 南瓜米奇便当

米老鼠也变身南瓜怪了!

菜谱 *MENU*

● 鲑鱼松拌饭 ● 菠菜粉拌饭 ● 芸豆胡萝卜肉卷 ● 火腿蛋卷
● 火腿花 ● 香肠糖果 ● 鹌鹑蛋妖怪 ● 西蓝花

轻松熊制作

✳ **材料:** 鲑鱼松拌饭,菠菜粉拌饭,海苔

✳ **做法:**

① 鲑鱼松拌饭用保鲜膜包裹,团成一大两小的球形饭团。

② 菠菜粉拌饭用保鲜膜包裹,团成略带尖端的球形饭团。

③ 用海苔剪出五官,两个螺旋形线状,及四至五根细线。

24

怪物猎人猫小姐
秋季远足便当

带上最带劲的游戏便当去远足。

菜谱 *MENU*

● 猫小姐饭团　● 怪物猎人徽章饭团　● 鹌鹑蛋肉排　● 三椒肉卷
● 三丁炒虾仁　● 核桃鱼　● 火腿蛋卷　● 西蓝花　● 樱桃

猫小姐制作

＊**材料：**鲑鱼松米饭，蛋皮，鱼糕，海苔

＊**做法：**

① 鲑鱼松米饭用保鲜膜包裹，团成一大两小三个球形饭团，连接饭团。

② 蛋皮剪头发形状粘贴在饭团上。

③ 鱼糕切三角形做耳朵。

④ 用海苔剪出五官。

冬季便当

每年寒假，我家都会有一次全家旅行。因为住在海港都市，假期我们经常会选择去山里的乡下，比如到白川乡的合掌村或去志贺高原滑雪。

小时候家里三世同堂，每逢寒暑假期，都会跟着外婆去乡下亲戚家里住几天，夏天可以感受清新的空气、芬芳的草地、晶莹的露珠、炫目的花朵，品尝新鲜的蔬果、清冽的泉水。冬天更是欢乐有趣，尤其在乡下过年，杀猪宰羊，猎锦鸡套狍子，摆几大桌子美餐一顿之后，一大家子亲朋近邻，围坐一处搓牌聊天，我就偎在外婆身后，炕暖暖的，欢声笑语渐渐变得模糊朦胧，隐约感到大人拿被子盖在我身上，那种沁人心脾的安心和幸福感，让我对山村生活总是带着憧憬和向往。有了孩子后，就非常想和他们一起感受这种生活。

车轮碾着冬天旅途上积着的厚厚的雪，合掌村民家屋檐上挂满冰柱，村前的巨石也戴上了雪帽子。

我们曾投宿在建于庄川河畔，有着280年历史的人气民宿。旅行除了享受非日常之外，最吸引人的莫过于旅途上遇到的当地乡土料理。合掌村的晚餐质朴而美味，女主人在围炉里为大家烤着鲜嫩的河鱼，很多旅人都会为了吃这套充满乡恋的味道而故地重游。

民宿长长的房间里没有电视，暖桌热茶，不再熬夜，早早搂着孩子钻进热被窝，给他们讲着故事，听着他们平稳的鼾声，自己也渐渐进入甜美的梦乡。

虽然东京冬季下雪的日子不多，但是两个孩子却非常爱雪，不用说滑雪，就是在雪地上他们都能找出各种花样玩上几个小时。除了打雪仗，最爱的就是堆雪人，两个人把各自滚出的雪球组合在一起做成小雪人，我摘了些树叶和冬果帮着他们给雪人装饰上，两个小家伙爱不释手，抢着抱着雪人拍照。无法带走小雪人让他们非常难过，只能将它安置在街道的水车装置旁，孩子

们还向当地老爷爷问候，拜托他照顾小雪人，并在小雪人身边堆了许多小小雪人，希望他们互相做伴不会寂寞。

与小雪人告别的时候孩子们哭了，担心雪人被太阳融化，担心小雪人如何度过夏天。

对着伤心离别的孩子们，我对他们说：把小雪人画下来就能一直留住它在自己身边。看着破涕为笑、拼命画着小雪人的孩子们，我开始和他们一起编起了小雪人的故事：超和越做的小雪人在水车边遇到来旅行的各种各样的朋友，天气暖和时融化了的小雪人在天空漫游，等到下一个冬天他们又变成雪花再次回到超和越的身边……和孩子一起的冬天充满了童真的浪漫。

25

小熊和小雪人便当

下雪了，一起来堆小雪人吧!

菜谱 *MENU*

● 白米饭　● 秋葵肉卷　● 炸鸡块　● 火腿肉卷　● 香肠小熊　● 西蓝花沙拉菜

✳ **材料：**白米饭，蟹肉棒，红肠，海苔

✳ **做法：**

① 白米饭用保鲜膜包裹，团成一大一小两个球形饭团。(图1)

② 蟹肉棒舒展成片围在两个饭团之间，做围巾。

③ 用红肠切头，以水果签固定做帽子。

④ 用海苔剪出眼睛、嘴及雪花。(图2)

香肠小熊制作

✳ **材料：**球形肉肠，条形香肠，火腿片

✳ **做法：**

① 将条形香肠切两小段作为小熊的耳朵。

② 圆形肉肠一横一竖做小熊的头和躯干。(图3)

③ 火腿片围在躯干部分。

④ 用海苔剪出五官。

| 1 |
| 2 |
| 3 |

26 小熊娃娃便当

喜欢小熊圣诞礼物吗?

菜谱 MENU

◉粉色寿司甜醋饭　◉菜花炒大虾　◉炸鱼　◉秋葵蛋卷　◉红肠圣诞老人　◉鱼糕礼物盒

小熊娃娃制作

✳ **材料:** 粉色寿司甜醋饭,蟹肉棒,芝士,海苔

✳ **做法:**

① 粉色寿司甜醋饭用保鲜膜包裹,团成两大四小的球形饭团,及两个条状饭团。

② 连接饭团形成小熊娃娃的整体结构。

③ 芝士片分别用模具刻出花、椭圆及心形,做嘴巴、耳朵和脚掌。

④ 用海苔剪出五官,用模具刻出雪花形状。

红肠圣诞老人制作

✳ **材料:** 红肠,芝士,海苔

✳ **做法:**

① 将一个红肠切成两段,上部分做帽子,下部分再切厚片,将圆片立起做脸部,其余做身体部分。

② 芝士片用牙签划出胡子,粘贴在脸部。

③ 海苔剪出五官,粘贴后,全体用牙签连接固定。

小黑猫圣诞便当

娃娃今天是圣诞老人。

27

菜谱 *MENU*

● 鲑鱼松饭　　● 海苔包饭　　● 竹笋鸡肉卷　　● 菠菜胡萝卜肉馅蛋卷
● 香肠麋鹿　　● 火腿竹管鱼糕画卷　　● 蟹肉棒　　● 西蓝花

圣诞娃娃制作

✳ 材料: 鲑鱼松饭,白米饭,蟹肉棒,海苔

✳ 做法:

① 　鲑鱼松饭用保鲜膜包裹,团成球形饭团,白米饭团成圆锥形饭团,将两个饭团连接。

② 　白米饭团部分,用蟹肉棒片包裹做圣诞娃娃的帽子。

③ 　在帽子顶部粘接白饭球。

④ 　用海苔剪出五官。

小黑猫制作

✳ 材料: 白米饭,车达芝士片,芝士片,海苔

✳ 做法:

① 　米饭用保鲜膜包裹,团成球形饭团后,包裹海苔,再用保鲜膜包起固定形状。

② 　车达芝士片切两个圆形做眼睛,芝士片切小圆形,做鼻子,粘贴在脸部。

③ 　海苔剪出眼睛,粘贴在车达芝士片上。

打雪仗便当

28

和小雪人一起打雪仗，猜猜谁会赢?

菜谱 *MENU*

●柴鱼片饭 ●炸肉排 ●秋葵海苔蛋卷 ●香肠 ●西蓝花 ●草莓

小熊制作

✳ **材料:** 柴鱼片饭,白米饭,鱼肠,鱼肉山药糕,芝士片,海苔

✳ **做法:**

① 米饭保鲜膜包裹,团成一大四小的球形饭团。

② 将饭团在装着柴鱼片的盘子里滚动,另外再做一个小的米饭团。

③ 鱼肠切顶部与切成厚圆片的鱼肉山药糕连接起来,用果签固定,做帽子。

④ 芝士片切椭圆和两个半圆。

⑤ 用海苔剪出五官。

29

雪娃娃便当

戴上暖暖的手套一起去滑冰。

菜谱 *MENU*

● 鲑鱼松饭 ● 白米饭 ● 煎鱼 ● 凉拌芸豆秋葵 ● 蛋皮 ● 西芹
● 草莓

雪娃娃制作

❋ **材料:**鲑鱼松饭,白米饭,蛋皮,海苔
❋ **做法:**
① 鲑鱼松饭保鲜膜包裹,团成球形饭团。
② 蛋皮粘在①的饭团上,周围用白米饭围成一圈。
③ 鱼肠切花形,用干意粉固定住。
④ 用海苔剪出五官。

小手套制作

❋ **材料:**鱼肠,白色鱼肉香肠
❋ **做法:**
① 鱼肠切拱形后,在四分之一处切开岔口。
② 鱼肉山药糕切长椭圆形,固定在鱼肠下面。

30 小兔便当

挥挥星星棒，下雪啦！

菜谱 *MENU*

● 白米饭　● 肉排　● 烤三文鱼　● 地三鲜　● 厚煎蛋　● 火腿花　● 腌萝卜花

小兔制作

＊ **材料：**白米饭，厚煎蛋，火腿片，海苔

＊ **做法：**

① 白米饭用保鲜膜包裹，团成一大两小的球形饭团，和两个长椭圆形饭团。

② 厚煎蛋切成梯形，放在饭团下方，再固定耳朵和手的饭团。

③ 用火腿片剪耳朵和脸蛋的花形。

④ 用海苔剪出五官及雪花。

31

圣诞老人便当

圣诞节快乐!

● 番茄酱炒饭　● 炸鱿鱼　● 炒三丁　● 鹌鹑蛋小雪
人　● 香肠麋鹿　● 红肠圣诞袜　● 秋葵

圣诞老人制作

＊ **材料:** 番茄酱炒饭, 白米饭, 红肠, 海苔
＊ **做法:**

① 浅色的番茄酱炒饭用保鲜膜包裹, 团成一个球
形饭团, 重色的番茄酱炒饭, 制作三角形饭团
和一个圆锥形饭团, 连接三个饭团。(图1)

② 在①的三个饭团之间, 用白米饭围起, 做帽子
和胡子。

③ 用红肠切圆形, 做圣诞老人的鼻子。

④ 用海苔剪出眼睛及雪花。

小雪人制作

＊ **材料:** 鹌鹑蛋, 蟹肉棒, 红肠, 海苔
＊ **做法:**

① 两个鹌鹑蛋各切掉尖头。

② 红肠切尖头, 用果签将红肠和①的两个鹌鹑蛋
串起来。(图2)

③ 在两个鹌鹑蛋接口处, 用蟹肉棒的片围起来做
围巾。

④ 用海苔剪出五官及纽扣。

香肠麋鹿制作

＊ **材料:** 香肠一根
＊ **做法:**

① 将香肠切成1/4和3/4两段。

② 3/4段从中间竖切分为两片, 每片在一侧切数
刀。(图3)

③ 将①②用开水焯后, 以干意粉连接固定。

④ 粘贴海苔剪的鼻子和眼睛。

招财猫便当

32

新的一年，新的祝福。

菜谱 *MENU*

● 白米饭　● 竜田油炸金枪鱼 ❶　● 糖醋肉丸蘑菇　● 素炒菜花　● 油豆腐炒菠菜　● 芸豆蛋卷　● 西蓝花

招财猫制作

✳ 材料: 白米饭, 蟹肉棒, 车达芝士片, 海苔

✳ 做法:

① 白米饭用保鲜膜包裹, 团成一个球形饭团后, 在顶部用手指捏出两个尖角做猫耳朵, 另外制作一个梯形饭团, 三个小的类球形饭团。

② 摆好饭团位置, 用蟹肉棒剪两个三角形、一个圆形和数个细丝, 分别做耳朵、鼻子、嘴巴、胡须和带铃铛的脖套。

③ 车达芝士片切小圆和椭圆形, 分别作为铃铛与金币。

④ 用海苔剪出眼睛及金币的纹样。

------

❶ "竜田油炸金枪鱼"是指将金枪鱼用酱油、料酒调味后, 裹上淀粉油炸的料理。酱油调味后的鱼肉的红色与淀粉的白色相间, 仿佛日本奈良红叶名胜竜田川的白色波浪上漂浮的红叶, 故此得名。这道料理做法简单不油腻, 非常适合便当菜（尤其适用于鸡肉和鱼肉）。

第四章

藏在故事里的花式便当

从超和越一岁左右起，每天吃过早饭，我就会推着双人婴儿车带他们出去散步，一边走一边给他们讲故事。或者是绘本里的故事，或者是路上看到的花花草草飞鸟爬虫的故事，亦或者是指给他们路牌上写的字，一面念给他们，一面讲解每个字的含义。不管他们是否听得懂，那时也没有明确的"早教"意识，只是心心念念地想把自己这几十年的人生里知道的有趣的、美好的事情全部说给他们听。我会看着他们的眼睛告诉他们："妈妈的眼睛里都是你们！"孩子也时常捧着我的脸，在我的眼睛里寻找自己的身影，然后非常开心地搂住我。

为孩子选择绘本，我会挑选读起来很有节奏感的文字内容，和有着非常秀逸的色彩画面及构图的绘本，希望他们从小就接触到最好的图画和有韵味的文字，并把它融汇到自己的感官中去。白天的时间我都和他们一起奔跑、一起打滚、一起看书、一起追电视里的儿童节目，到了晚上，我就搂着他们坐在怀里，先念一会儿绘本，关了灯左右一边一个，一面交错着手轻轻拍着他们，一面轻声地背诵着月亮的故事。每次在我说"晚安，晚安，月亮"时，都能听到他们甜甜入睡的鼾声，等到他们睡沉后，我再爬起来工作。

日复一日年复一年，他们走出了婴儿车，拉上我的手，嫩嫩的小手越来越颀长，温暖如旧。从给我念公园里的广告牌，自己看地图引路，到帮我看说明书修理电脑和手机，给我买音乐会的票约我一起去听交响乐……我们一直不停地在向对方说着自己每天遇到的故事，一起爆笑一起摇头叹气，一起互相为对方出谋划策和打气加油。

讲给彼此的故事，也同时出现在他们每次带的便当里。他们喜欢的绘本、他们喜爱的动漫、每个时期的兴趣，都记录在他们的便当里。从幼儿园到小学，孩子们常会与老师和同学分享便当的话题，尤其到了小学高年级，每次便当的花式内容，都是根据同学的期待来要求的。孩子不仅与我探讨便当的主题和菜

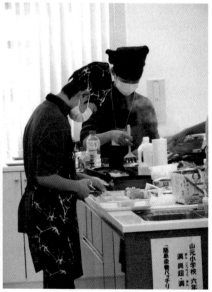

式，还跟我一起动手做便当做甜品，我也鼓励他们自由发挥自己的想法，与他们一起研究如何利用食材本身天然的色彩来造型，因此超和越都对绘画和制作有着浓厚的兴趣，可以不用大人任何帮助地制作精致的黏土作品、布偶，甚至可以打木制书架和用瓦楞纸做能扭出蛋子的"扭蛋机"。他们不仅小学六年级时在市里中小学便当大赛上从1050个作品中脱颖而出，实地操作，双双获得横滨市PTA大奖；还在中学一年级时，于横滨市内八十七所中小学校四百五十余幅作品参加的《安全与健康广告画展》中获得一等奖，成为市长奖的表彰对象。

进入青春期的孩子们每天依然会和我在一起像朋友一般讨论各种问题，并每天一起读几段《论语》，一边给对方空间保持相宜的距离，一边不忘给予彼此最大的关怀和体恤。

讲给彼此的故事将会在我们未来的生活中继续。

绘本与绘画便当

《小熊学校》绘本便当

在山上学校中生活的 12 只小熊的平凡温暖可爱的生活故事。画面色彩轻快绚丽，充满个性，读起来让人爱上日常生活中的每一个场景。

◉鱼露米饭　◉蘑菇炒大虾　◉糖醋鸡块　◉双色肉卷　◉火腿蛋卷
◉素焯菜花　◉盐水豌豆　◉草莓

小熊杰克制作

* **材料:** 鱼露米饭, 蟹肉棒, 车达芝士片, 鱼肠, 海苔
* **做法:**

① 将鱼露米饭用保鲜膜包裹, 团成一大两小的球形饭团和一个三角形饭团, 两个条状饭团。

② 将摊开的蟹肉棒包住三角形的饭团。

③ 用芝士片和鱼肠分别刻出花形和圆形。

④ 用海苔剪出五官。

《小兔之家》绘本便当

春天来了，小兔开始了找家的旅行。途中遇到各种动物，哪一个家最适合自己呢？书中每个动物都感受着春天到来的喜悦，最后小棕兔遇到小白兔，一起回到了属于自己的家。书中的语言充满韵律和诗意，插画中的植物昆虫和动物细腻写实，带着自然科学要素，是幼儿期理想的亲子读物。

◉鱼露米饭 ◉白米饭 ◉肉排 ◉烧卖 ◉菠菜蟹肉蛋卷 ◉盐水胡萝卜 ◉核桃小鱼 ◉鱼肠 ◉橘子

吃胡萝卜的小白兔和小棕兔制作

＊ **材料**：鱼露米饭，白米饭，鱼肠，海苔，盐水胡萝卜，西芹叶

＊ **做法**：

① 分别将同等量的鱼露米饭和白米饭用保鲜膜包裹，团成一大四小的球形饭团和一个椭圆形饭团。

② 以小兔趴伏在地吃胡萝卜的形象，分别在饭盒中摆好前爪、头、身子和后爪的饭团。

③ 用鱼肠分别刻出耳朵和尾巴形状。

④ 用海苔剪出五官。

⑤ 将盐水胡萝卜切成迷你胡萝卜状，在顶部插上西芹叶。

35 亲子互动运动会便当

一年一度的学校运动会，都是在五月底的晴天里举行。小学六个年头里，孩子们一直都被选为班里的接力赛选手，不过六年级小学最后的运动会上，他们获得了比当接力选手更大的荣耀。

小哥俩的感情特别好，一直都是彼此谦让也一直都为对方取得好成绩而骄傲自豪。当然每次运动会，因为永远不在同一组，必须对决论输赢，到三年级为止，运动会上虽然各个项目都很拼，但是得胜的一方都是不大开心看到另一方输给自己，同样的感觉在互换着每隔一年

被选为年级代表参加横滨市书法展时也会出现。但是在小学最后的运动会上奇迹出现了！

每年学校的运动会，都是完全放手让孩子们做主人公积极参与整体运动会的运营。而当年的运动会吉祥物，也是由全校学生来甄选在校生们的设计作品来决定的，这一年小哥俩的设计分别在红组和白组得到最高票数当选。老师告诉我，兄弟同时当选是史上首次，可以载入校史。而我后来看了他们写的设计说明文，也感到很服气。

（图1）哥哥设计的白组吉祥物。电光石火全身带着必胜的意志和信念。

（图2）弟弟设计的红组吉祥物。表达了运动会项目是火与光的融合，热情与速度的竞演。

到了小学高年级，孩子们经常要求我做的便当花式，多半是班级里同学们之间流行的动漫或游戏的角色。这次运动会上，我做了他们最喜欢的《怪物猎人》来做运动会便当的主题，为了表达自己的开心同时也给孩子们一个惊喜，我悄悄用电脑描画了他们设计的吉祥物，制成小旗装饰在便当上。（图3）

没想到不仅班里同学，连班主任老师也是《怪物猎人》迷。午餐时间，其他同学各家都打开三重盒的豪华便当吃起来，而儿子们因为和老师约定看便当，抱着饭盒就跑了。

（图4）当我们开始吃饭时，很快吃完饭听到消息的同班同学就一起跑来我们这里围观便当，看到小旗就一起喊："神啊！"弄得周围的人也都站起来看，搞得我哭笑不得，不好意思抬头。

| 1 | 3 |
| 2 | 4 |

5

		6
5		7
		8

（图6至图8）从前一天晚上开始备料，炖肉，凌晨开始烘焙炒菜装盒的全家便当。

菜谱 *MENU*

* **主食：**五色饭团
* **主菜：**红烧鹌鹑蛋炖肉，干烧三丁虾仁，姜味炸鸡，五彩肉卷，炸大虾
* **副菜：**核桃虾米，小甜鱼，沙拉，盐水西蓝花，圣女果
* **点心：**曼哈顿肉卷，苹果派两种，彩色水果冻

运动会比赛中弟弟拿到100米短跑的第一名，为红组争了光；而哥哥的白组也最后获得年级优胜，皆大欢喜。小学最后一次运动会，给孩子们日后的学校生活增添了更多的自信和勇气。

可爱卡通便当

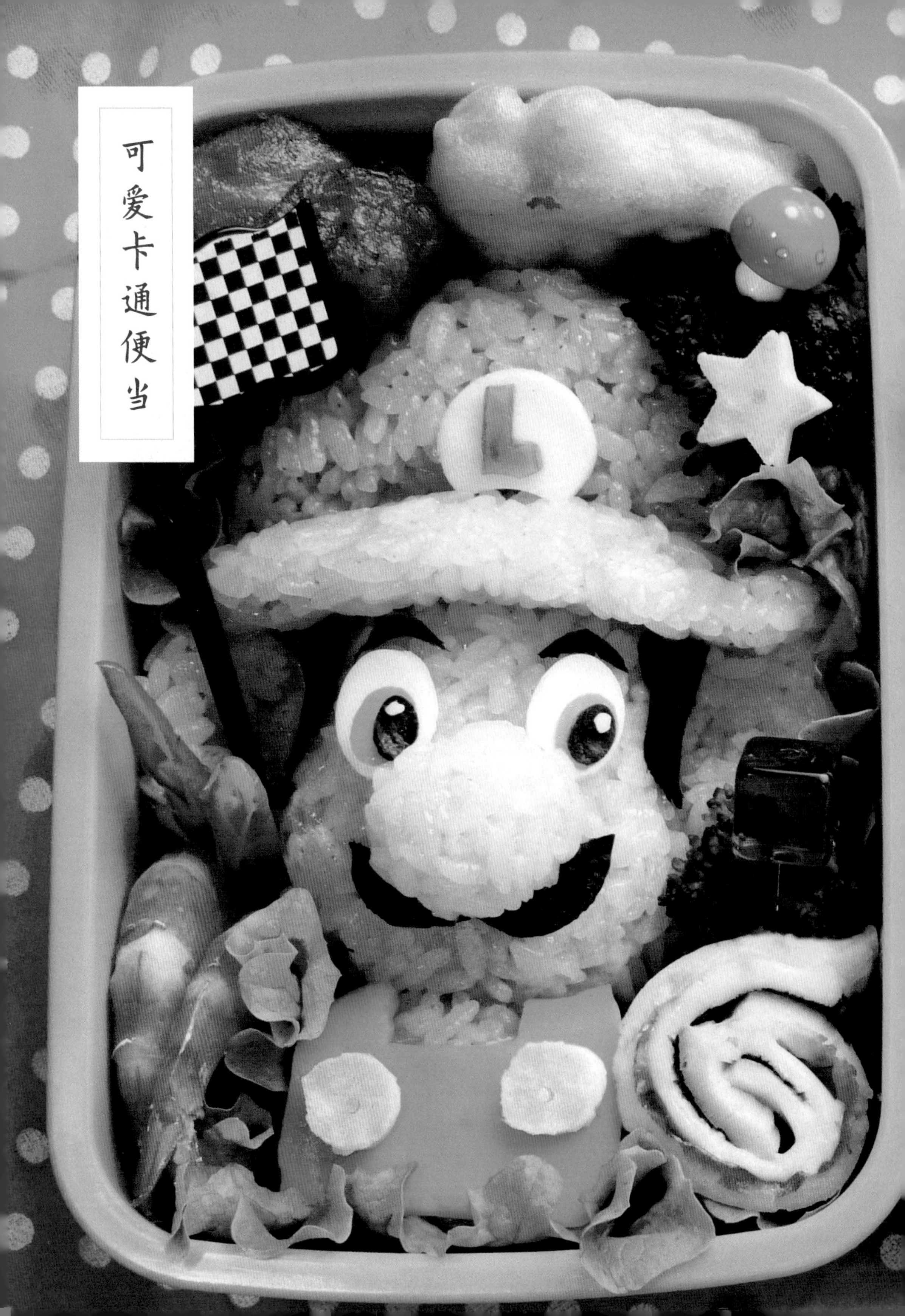

36 Hello Kitty 礼物便当

菜谱 *MENU*

● 粉色寿司饭　● 白米饭　● 炸虾仁　● 烧卖　● 蟹肉香肠花　● 西蓝花
● 圣诞树　● 圣女果

Kitty 制作

✱ **材料:**粉色寿司饭,白米饭,芝士片,蟹肉棒,盐水胡萝卜,海苔
✱ **做法:**

① 将粉色寿司饭用保鲜膜包裹,团成一大两小的球形饭团和一个
椭圆形饭团。

② 大的球形饭团做Kitty的头部,在顶部两端捏两个尖角做成猫
头的形状。

③ 在饭盒里摆好饭团。芝士片按头部大小切椭圆形,摆放在头部
饭团上。

④ 用白米饭围绕芝士的椭圆堆砌,形成帽子的毛绒。

⑤ 芝士片刻两个花形放在脚掌部位,上面粘放胡萝卜做的小花。

⑥ 用海苔剪眼睛和胡须,用黄色的车达芝士做鼻子。

⑦ 蟹肉棒刻出蝴蝶结形,下面粘贴上芝士片。

巧虎便当

菜谱 *MENU*

蛋黄拌饭 双色格子鸡肉卷 素菜花 香肠花 草莓

巧虎制作

＊ **材料：** 蛋黄拌饭，蟹肉棒，芝士片，海苔

＊ **做法：**

① 煮鸡蛋剥出蛋黄，捣碎加少许盐与米饭搅拌均匀，用保鲜膜包出一大两小的球形饭团。(图1、图2)

② 芝士片刻嘴和耳朵造型，再刻帽子造型。

③ 先画图样，再用海苔剪出巧虎的五官、胡须和纹样。(图3、图4)

④ 蟹肉棒做帽子形状，粘贴在芝士片上。

38 米老鼠便当

菜谱 MENU

● 黑米饭　● 火腿　● 鹌鹑蛋小老鼠　● 盐水大虾　● 火腿片　● 鱼糕
● 橄榄　● 圣女果莲花

米奇和米妮制作

✽ **材料:** 黑米饭,火腿片,鱼糕,芝士片,海苔

✽ **做法:**

① 加半量白米蒸黑米饭,用米老鼠模具压出外形。

② 火腿片刻脸部造型。

③ 芝士片和鱼糕分别剪出眼白和米妮的蝴蝶结。

④ 用海苔剪出五官。

39　神奇宝贝皮卡丘便当

菜谱 *MENU*

● 蛋黄拌饭　● 炸扇贝　● 八宝菜　● 烤鲑鱼　● 土豆火腿沙拉
● 香肠花

神奇宝贝皮卡丘制作

✳ 材料: 蛋黄拌饭,蟹肉棒,海苔
✳ 做法:

① 煮鸡蛋的蛋黄捣碎加少许盐与白米饭搅拌均匀,用保鲜膜包裹
   制作一大两小的球形饭团和两大两小的水滴状条形饭团。

② 按皮卡丘的造型摆好饭团,耳朵尖端部分用海苔包裹。

③ 粘贴蟹肉棒剪的脸颊。

④ 用海苔剪出皮卡丘的五官。

喜拿便当

菜谱 MENU

白米饭　　抱子甘蓝炖南瓜　　芝士香肠蛋卷　　糖醋丸子
素煎竹管鱼糕　　香肠红心

* 材料: 白米饭, 蟹肉棒, 鱼肠, 海苔

* 做法:

① 白米饭用保鲜膜包裹制作一大两小球形饭团和两个一头尖另一头圆的条形饭团。(图1)

② 连接饭团, 粘贴蟹肉棒剪的嘴和鱼肠刻的花形脸颊。(图2、图3)

③ 用海苔剪出喜拿的眼睛。

1
2
3

41 面包超人便当

菜谱 *MENU*

●鲑鱼松拌饭 ●海苔包饭 ●蔬菜煸炒大虾 ●蟹肉棒紫菜蛋卷
●火腿花 ●盐水西蓝花

面包超人制作

❋ **材料：**鲑鱼松拌饭，红肠，海苔
❋ **做法：**
① 用鲑鱼松将米饭拌匀后，用保鲜膜包裹球形饭团。
② 红肠切头及两个薄片，红肠头的部分做面包超人的鼻子，两个薄片做脸颊。
③ 用海苔剪出面包超人的五官。

细菌人制作

❋ **材料：**海苔包饭，火腿片，芝士片，盐味干海带，海苔
❋ **做法：**
① 白米饭用保鲜膜包裹制作球形饭团。
② 海苔剪下半部为拱形的长方形，包在①的饭团上，再用保鲜膜包起定型。
③ 用芝士片做眼白和鼻头的高光。
④ 火腿片切长条和圆形，分别做细菌人的嘴和鼻子。
⑤ 用海苔剪细条，摆成细菌人的牙齿和眼睛。
⑥ 用盐味干海带剪成细菌人的触角，插在头顶两边。

海贼王乔巴便当

42

菜谱 *MENU*

● 鱼露饭 ● 五香炸鸡块 ● 紫菜鱼肉丸子 ● 青菜虾仁 ● 蟹肉竹
管鱼糕 ● 盐水西蓝花 ● 猕猴桃

哆啦A梦制作

＊ **材料:** 鱼露饭, 鱼糕(或芝士片), 火腿片, 蟹肉棒, 海苔
＊ **做法:**

① 鱼露拌白米饭, 用保鲜膜包裹制作球形和圆柱形饭团。

② 用火腿片包在圆柱形饭团上, 连接①。

③ 鱼糕(或芝士片)切条状, 围在①与②的交界处。再用模具
刻出雪花形。

④ 用海苔剪乔巴的五官, 和芝士片做的眼白配合。

43 哆啦A梦便当

菜谱 *MENU*

● 海苔包饭 ● 炸鳕鱼 ● 紫菜鱼肉丸子 ● 青菜虾仁
● 蟹肉竹管鱼糕 ● 盐水西蓝花 ● 猕猴桃

哆啦A梦制作

＊ **材料：**白米饭，芝士片，海苔

＊ **做法：**

① 白米饭用保鲜膜包裹制作球形饭团。

② 海苔剪下半部为拱形的长方形，包在①的饭团
上部，再用保鲜膜包起定型。

③ 用芝士片做眼白。

④ 用海苔剪细条和两个小圆形，摆成哆啦A梦的
五官和胡须。(图1至图3)

史迪奇便当

44

菜谱 *MENU*

●白米饭 ●肉丝榨菜 ●蟹肉紫菜蛋卷 ●双色菜肉卷 ●火腿心 ●史迪奇果冻

史迪奇制作

✳ **材料：**菜松白米饭，红肠，芝士片，火腿，海苔

✳ **做法：**

① 菜松白米饭用保鲜膜包裹制作球形饭团。

② 海苔剪长方形包在饭团上，再用保鲜膜包裹定型。

③ 芝士片用牙签分别刻出眼睛和毛发部分，固定在饭团应有的部位。

④ 海苔剪眼睛和毛发，贴在③的芝士片上。

⑤ 红肠切圆角的三角形鼻子。

⑥ 将火腿对切后上下折起，放在饭团两侧，做耳朵。

45

小猫棉花糖便当

菜谱 *MENU*

- 白米饭
- 蟹肉可乐饼
- 三丁大虾
- 蛋花卷
- 玉米笋火腿花
- 草莓

小猫棉花糖制作

❋ **材料:** 白米饭,炸鱼肉饼,火腿片,
海苔

❋ **做法:**

① 白米饭用保鲜膜包裹制作一大两
小球形饭团。再捏出小猫躯干部
分和长条形饭团做尾巴。(图1)

② 分别将①按头、躯干、尾巴和猫爪
摆放好。

③ 炸鱼肉饼切底边为弧形的三角做
耳朵。(图2)

④ 用海苔剪出五官和胡须。(图3)

⑤ 用火腿片做脸颊。

海绵宝宝便当

46

菜谱 *MENU*

● 西红柿蛋炒饭 ● 火腿芝士 ● 炸贝柱 ● 春卷 ● 香肠章鱼 ● 橘子
果冻

海绵宝宝制作

✱ **材料：**西红柿蛋炒饭，车达芝士片，火腿片，蟹肉棒，鱼肠，海苔
✱ **做法：**

① 豌豆、胡萝卜丁、玉米粒、鱼糕、虾仁、西红柿炒蛋饭装盒铺平。

② 分别将两片车达芝士片和火腿片用模具切出带波纹的方形。

③ 最上面一层芝士片用吸管压出数个圆洞和一个嘴形。

④ 第二张芝士片在嘴的位置放上红色蟹肉棒。

⑤ 将③压在④上，最底层放火腿片。在嘴的部分放两个小方形白
色鱼糕做牙齿。

⑥ 车达芝士片切两个圆形做脸颊，上面粘贴鱼肠刻的各三个小圆。

⑦ 用鱼糕和海苔做眼睛。

轻松熊便当

47

● 白米饭 ● 鱼露饭 ● 心形甜醋寿司饭 ● 蛋卷噗噗鸡 ● 可乐饼
● 盐水大虾 ● 素炒芦笋 ● 菜花沙拉 ● 香肠火腿卷

轻松熊和牛奶熊制作

✳ **材料：** 白米饭，鱼露饭，芝士片，鱼糕，海苔
✳ **做法：**

① 鱼露饭用保鲜膜包裹制作一大四小的球形饭团，白米饭用
保鲜膜包裹制作一大两小的球形饭团。

② 棕色鱼露饭团做轻松熊，白色饭团做牛奶熊。

③ 用车达芝士片刻圆形和心形，做轻松熊的耳朵和嘴巴，用
白色芝士片刻圆形，粉色鱼糕刻心形，做牛奶熊的耳朵和
嘴巴。

④ 用海苔剪出五官。

春节便当

　　春节期间的中华街红黄锦旗翻飞，灯笼摇曳，人山人海，好不热闹！"欢庆舞蹈游行"在每年正月的第一个星期日举行，是春节期间最重头的节目。这天着各色中国民族服装的游行大队，龙狮舞，从关帝庙大街的山下町公园起始，周游中华街主干路，沿途人声鼎沸，锣鼓喧天，龙腾狮跃，令人眼花缭乱。春节这场"欢庆舞蹈游行"，动员观众数十万，街上各家店铺生意兴隆，忙得热火朝天。

　　孩子们的幼儿园是日本有百年历史的老牌华侨学院的附属幼儿园。周一英语、周二体育、周三狮龙舞、周四制作（包括做料理种果木）、周五中文，之外还有唱游、口风琴、图画之类，大班时还有电脑课。在接触中文教育的同时，我也在日常生活中融汇日本的食材，做我们中国传统的料理。东北菜中的松蘑炖鸡、西红柿鱼柳、烧双冬、香菇酿肉等几十种菜肴都曾出现在给孩子们做的便当里。在把中国味道融入便当的同时，我也会制作孙悟空、年年有鱼之类带着中国元素的便当给孩子们。

　　每年大年初三，中华街都有盛大的采青贺年表演，采青是传统舞狮的一个固定环节。春节期间，"狮子"用一系列的套路表演，猎取悬挂于高处或置于盆中的"利是"，因"利是"往往伴以青菜（生菜为多），故名为"采青"。采青一般包括操青、惊青、食青、吐青等套路。当彩礼用竹竿挑起高悬时，舞狮人搭人梯登高采摘，人梯搭得越高，则技艺越高，挂"青"者多会图得吉利，鞭炮齐鸣，热闹喧腾。孩子们所在的幼儿园大中班组合，分为ABCD四班，应各处之邀前往采青贺年表演。曲目分两个，一个是日语的《小小世界》，一个是中文的《快乐好年华》。走在中华街上，着中国服装的娃娃们依然是一道夺目的风景，观光游人跟在孩子们身后狂呼"卡哇伊（可爱）"，表演结束后，各家店里都抢着给孩子们派红包并赠送热乎乎的烧卖和饺子。

拜年演出的最高潮，莫过于拜关帝的龙舞和狮子舞表演。金碧辉煌的关帝庙广场上万人瞩目之中，年仅五六岁的孩子们随着锣鼓声，娴熟华丽地舞动着十五米的长龙，红红的小脸蛋绷得紧紧的，目光炯炯，在热烈的掌声和喝彩声中，小小的巨龙带着中国娃娃们的自豪感腾空而起。

熊猫便当

48

菜谱 *MENU*

● 白米饭 　 五香炸鸡 　 香肠 　 意面 　 草莓

熊猫制作

✽ **材料：**白米饭，红肠，芝士，甜煮黑豆，海苔

✽ **做法：**

① 白米饭用保鲜膜包裹，团成球形饭团。

② 红肠切头，芝士切圆形，上下连接后，以果签固定在饭团上。

③ 甜煮黑豆用干意粉固定在饭团顶部两边，作为熊猫的耳朵。

④ 用海苔剪出五官。

49 小虎便当

菜谱 *MENU*

盐味蛋黄米饭　青菜炒大虾　油淋鸡　竹笋烩海贝　秋葵蛋卷　西蓝花　盐水胡萝卜

小虎制作

✳ **材料**：煮鸡蛋黄，白米饭，海苔

✳ **做法**：

① 将煮鸡蛋黄捣碎，加少许盐，与白米饭混合搅拌均匀，用保鲜膜包裹，团成一大三小的球形饭团。

② 将饭团按小虎造型摆好，用海苔分别剪出五官、脚掌印和毛须。

50 拜年便当

菜谱 *MENU*

● 白米饭　　西红柿焖大虾　　竜田油炸三文鱼　　秋葵竹管鱼糕
● 秋葵蛋卷　　素炒菜花　　盐水豌豆西蓝花

Kitty 制作

✳ **材料**：白米饭，红肠，蟹肉棒，玉米粒，海苔
✳ **做法**：

① 将白米饭用保鲜膜包裹，团成一大两小的球形饭团和一个三角形饭团，大的圆球饭团在顶部两端捏出两个耳朵形状。

② 将摊开的蟹肉棒包住三角形的饭团。

③ 两根红肠分别切下两头做袖子，另一个切下一头用果签固定做帽子。

④ 用海苔剪出眼睛、胡须及衣帽的装饰。

⑤ 玉米粒焯熟固定在脸部正中。

厨房里的亲子时光

小时候妈妈工作忙，三代同堂，每天都是外婆做三餐。记得自己最初帮忙，是"择韭菜"，然后是"削土豆皮"。外婆是位巧手厨娘，她能变着花样给我们做出各式佳肴，特别是面食。我最喜欢给外婆做的"糖佛手"上点食红，或拿专用的木质梳子，给馒头压花纹，作为奖赏，外婆会把刚刚出锅的点心果子给我尝鲜。妈妈很好地继承了外婆的美食巧手，而我如今终于也磨成了和孩子们一起快乐餐饮的"煮妇"。

幼儿从两三岁时起，手指就可以灵活动作，好奇心也随之旺盛起来。特别是对妈妈做的事情最感兴趣。这个期间如果对"做饭好有趣""自己做的东西真好吃"毫无感受的话，慢慢就会对食物本身的关心变得淡薄，有可能诱发成偏食和爱吃快餐食品的习惯。

孩子们用黏土创作自己喜爱的东西做游戏，其实也是对"做饭"一种变相的喜好。如果用真正的食品材料做出真正能吃的东西，就是把"空想的游戏"变为"好吃的现实"，对培养孩子的探求心和积极参与的意欲都是有很大作用的。

同时，亲子同心协力完成一件事，既可促进亲子间交流，又可培养孩子的协调性，并且很容易给孩子带来成就感。制作过程本身，也是培养韧性、耐性和秩序性的过程，选择简单可口的菜品，和宝宝们一起动手，让孩子们更加爱上吃饭。

亲子厨房心得

① 和孩子一起下厨要选择妈妈有充裕时间和好心情的时候。

② 先从简单入手。

③ 不追求完美，重视"参与"与"互动"过程。

④ 随时表扬，同时不要忘记对孩子说"谢谢"。

51 小刺猬的秋天

秋天里的小刺猬们，在落叶和橡果间玩耍。

小刺猬饭团

✱ **材料:** 米饭，杏仁片，海苔

✱ **做法:**

① 白米饭用保鲜膜包好团成椭圆形。

② 杏仁片在干炒锅中用小火慢慢焙成边缘呈金黄色，盛出充分晾凉后插在饭团上。

③ 用海苔剪出鼻、眼、嘴，贴在相应处，用牙签蘸番茄酱点在两腮上。

咖喱饭

* **材料:**肉(牛肉、猪肉、鸡肉均可)
* **菜:**土豆,胡萝卜,洋葱
* **调料:**食用油,盐,咖喱粉
* **做法:**

①　肉切块,在汤锅里放少量油,炒至八分熟。

②　土豆、胡萝卜、洋葱切块,用剩下的油把胡萝卜、洋葱也炒一下,用大火把盛有肉、洋葱、胡萝卜的汤煮至沸腾。放入土豆煮15分钟关火,静置10分钟。

③　将咖喱粉用少量冷水拌匀(咖喱粉的用量可根据自己的口味调整),然后倒入锅中搅匀。可一边尝味道,一边加入咖喱粉。

④　盐根据口味加减量。

香肠蘑菇橡果

* **材料:** 香肠, 蘑菇
* **做法:**

① 香肠和蘑菇放入沸水中焯熟。

② 蘑菇切下蘑菇头, 香肠切半, 用油煎后的干意粉来固定蘑菇头和香肠头, 做成橡果。

胡萝卜枫叶和鸡蛋饼银杏叶

* **材料:** 胡萝卜、鸡蛋
* **做法:**

① 胡萝卜用开水焯熟, 切片, 用模具刻出枫叶形。

② 鸡蛋煎薄饼, 用厨房剪刀剪成银杏树叶形。

鹌鹑蛋小刺猬

* **材料：** 鹌鹑蛋，意大利粉，胡萝卜，海苔
* **调料：** 酱油
* **做法：**

① 煮熟的鹌鹑蛋一半泡入酱油里30分钟。

② 意大利粉用油煎至金黄色。

③ 取出鹌鹑蛋，擦干，在有颜色的面上插上煎过的意大利粉做刺。

④ 用胡萝卜切薄片小圆锥形，将锥形部分插入鹌鹑蛋做小刺猬的耳朵。

⑤ 用海苔剪出鼻、眼、口贴在适当的位置，用牙签蘸番茄酱，点在两腮。

52

动物可乐饼

可乐饼，是富含蔬菜的、大人孩子都喜爱的营养食品。
普通的可乐饼是用油炸制成的，这里介绍一种不需要
油炸，一样香喷喷美味的可乐饼做法。由于做法简单有
趣，和宝宝一起做最开心。

可乐饼(10个份)

* **材料:** 土豆2个,洋葱1/4个,牛奶100毫升,玉米粒15克(可以
  用碎鱼肉、碎鸡蛋、三色豆代替),美乃滋(蛋黄酱)15克,面
  包糠20克(图1)

* **做法:**

① 土豆去皮切块,煮熟后沥干水分,用餐叉压碎。

② 洋葱切碎块,放少许油炒至金黄,晾凉后和牛奶、玉米粒、美乃
  滋(可省略)一起倒进土豆盆里搅拌成土豆泥状。(图2)

③ 将面包糠炒至金黄,晾凉,倒入盘中备用。(图3)

④ 用羹匙取一匙拌好的土豆泥,用手团成圆形,蘸上炒好的面包
  糠,放在铺了锡箔纸的烤盘上。(图4、图5)

⑤ 放入烤箱5~8分钟烘焙即可。(如果不用烤箱,可以在平底锅
  里放少许油,盖上锅盖小火焖5分钟。)

小熊、小兔可乐饼和鹌鹑蛋小鸡雏(图6)

*** 做法:**

小熊: 鹌鹑蛋煮熟切片做耳朵,鸡蛋顶部做嘴鼻,海苔做五官。

小兔: 黄瓜片切薄片,对切做耳朵,海苔做眼睛。

鹌鹑蛋小鸡雏: 鹌鹑蛋煮熟,环绕切锯齿形,将蛋白移开,用海苔或黑芝麻做眼睛。

小蜜蜂和小鸡可乐饼(图7)

*** 做法:**

小蜜蜂: 用海苔做眼睛,杏仁片做翅膀。

小鸡: 用海苔做眼睛,胡萝卜做嘴。

5	6
	7

53

动物面包

（5～6人份）

✳ 材料：高筋面粉120克，干酵粉4克，砂糖15克，盐少许，牛奶80毫升，黄油15克(使用前一小时从冰箱里取出，自然融化)，巧克力碎豆、鸡蛋液少许，干意粉适量，预备干净的食品塑料袋

✳ 做法：

① 将容器里的高筋面粉加入盐和砂糖，用手轻轻搅拌后，在中间挖一个小坑，放入干酵粉。(图1)

② 将80毫升牛奶用微波炉稍加热至36摄氏度，倒在干酵粉上。(图2)

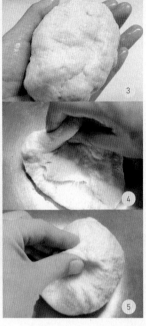

③ 加入融化的黄油，一边揉面一边搅拌，至面团离手成团。（图3）

④ 反复揉面10分钟，至表面光滑可抻成薄片。（图4）

⑤ 将面团四角相合后团好，结口向下放入预备好的食品塑料袋，封好口放在烤盘上。（图5）

⑥ 烤箱设定为110摄氏度，1分钟预热后停止，把烤盘和面团一起放入烤箱，发酵30分钟。（发酵至1.5倍大，如发酵不足，可再加10分钟。）

⑦ 将塑料袋取出，两边剪开铺在案板上，将面团切成六等分。（图6）

⑧ 将各个面团做成小老虎或其他动物造型，成形后涂鸡蛋液上光，用碎巧克力豆做眼睛，干意粉做胡须，放在铺好烤箱纸的烤盘上。（图7）

⑨ 烤箱提前预热到180摄氏度。

⑩ 将面包坯放入烤箱内烤制10分钟。如果底部没有烤成焦黄色，可再追加烤3~5分钟。

54 轻乳酪小蛋糕

周末的餐桌，为宝宝和妈妈们的聚会上添加一品，既好吃又不甜腻，不用烤箱也可以做简单可爱的轻乳酪小蛋糕。

＊内馅材料：(16厘米的蛋糕一个)

奶油奶酪200克，酸奶 200克，动物性淡奶油 100毫升，柠檬汁
15克，砂糖70克，明胶10克，水70毫升

＊塔皮材料：

消化饼干70克(10～12块)，黄油40克

＊装饰材料：

什锦果酱，糖饰，小饼干

✻ 做法:

① 奶油奶酪和黄油在常温中软化。

② 将锡箔纸铺垫在型模上。(图1)

③ 将饼干放进塑料袋中,用面棒捣碎,混合黄油搅拌。(图2)

④ 将混合好的饼干黄油铺在型模底层作为塔皮。(图3)

⑤ 明胶和水混合,盖上保鲜膜,用微波炉(500W)加热30秒。

⑥ 在盆中放入奶油奶酪砂糖,轻轻搅拌后用打蛋器搅拌。(图4)

⑦ 依酸奶、动物性淡奶油、柠檬汁的顺序加入⑥继续搅拌。

⑧ 将⑦倒入④中(图5),放进冰箱冷却3小时。

⑨ 取出蛋糕盛盘。(图6)

⑩ 将什锦果酱和糖饰装点在蛋糕之上。

将小饼干贴在四周,在蛋糕中心装点糖饰。

1	2
3	4
5	6

花式便当岁时记

日本的便当文化与中国渊源深远。日语的"弁当"读音近似中文的"便当"，其实这个有着"方便"意义的名称，是来源于南宋时期的俗语，日本室町时代（1336—1573）曾有将食物放入竹编食盒的习惯，而中国则有大型且方便的"如意篮（或如意盒）"，取其"便利、方便"之意，称为"便当"。"便当"最初传入日本时，使用了谐音的"便道""辨道"对应汉字，逐渐演化成今日的"弁当"，并以"BENTO"这个单词走入欧美的生活字典。日本便当文化的繁衍进化与他们的"冷了也好吃的米饭"有很大的关系。

安土桃山时代（1573—1603），日本正月的节日料理使用多重套盒作为容器，因此有织田信长是第一位吃便当的人的传说。到了江户时代（1603—1867），便当走向了民间，"赏花便当""观剧便当""野良便当""夜勤便当"及用竹叶包裹的"旅行便当"开始盛行。

虽然日本如今外餐快餐和便利店能提供多样的午餐条件，但是从学生到成人带便当的人依旧不在少数，特别是妻子为了丈夫做的"爱妻便当"，母亲（或父亲）为孩子做的"爱心便当"，这种带着家庭味道的便当是做与吃的人的交流方式，是一种"爱的味道"。

"花式便当"的出现

曾被称为"爱心便当""卡通便当"的花式便当，起源于日本一位中学生的母亲，她为了与进入青春叛逆期不与自己说话的孩子进行交流，想出了这种把形象做成便当给孩子带餐，以引起交流话题的方式。很快这种花式便当就形成风潮，并逐渐成为便当文化中的一种形态，融入对幼儿进行食育、知育和美育培养的日常生活中。现在这种便当日益进化，出现各种不同的形式，比如用紫菜剪出每天给孩子的赠言和激励，还有妻子每天将便当做成谜语，丈夫一边吃着便当，一边通过手机与妻子沟通谜底，母亲和妻子的这一切努力，都给孩子和丈夫的午餐时间增加了无限的乐趣。

便当就像海滩沙画，难以保留原创。带餐的便当，被美美地吃掉了，这个便当的"形"就消失了。从这个角度来看，与便当关联的两个最奢侈的人，那就是做便当的人和吃便当的人。只有做便当的人，才能体验在制作过程中的喜悦；只有吃便当的人，才能把这份用心和爱"吃"到肚子里，这也许就是做便当和吃便当的人的特权。

冰雪消融生机勃勃的春天，绿树成荫鸟语蝉鸣的夏季，天高云淡芦花飘扬的秋日，瑞雪纷飞银装素裹的冬旬，四季中每一天的带餐生活里，方寸之间的便当，作为无尽爱意的载体，是关切与陪伴，是人与人沟通最好的工具，用心去做每一个便当，一年后你就会遇见理想的自己。

日本小学的食育文化

　　小学一年级的初夏，我参加了儿子小学里的亲子午餐会，因为双胞胎被分在两个班，所以我很幸运品尝了两次校园午餐。在属于孩子们的环境里，和孩子们一起吃饭一起体会，本来就已经很开心，而饭菜还超出想象的美味和营养。

　　日本的食育，学校营养职员们的工作态度，孩子们"配餐当值"的参与都在亲子午餐会上表现得淋漓尽致。

　　亲子午餐会是学校给家长一个品尝校园午间膳食的机会，通过这个活动，不仅可以让家长们了解学校在膳食营养及卫生方面下的功夫，同时可以观察到孩子们在家庭以外的饮食表现。

　　日本的学校注重"饮食、运动、修养"三结合来维持每天健康向上的生活和心态。特别是对于身心都在发育中的孩子们，这一切更为重要。日本政府制定了"食育基本法"，学校以基本法为准绳，策定食育计划，在饮食过程中以活教材来教导孩子们饮食的正确方式，并在实施过程里令孩子们培养出良好的与人交往的能力和育成孩子们自我守护健康的个人管理能力。

　　横滨市立小学的年度膳食表，是由横滨市 200 名有执照的"营养师"集体研讨决定的。每天的膳食都会注意到主食、主菜、副菜、水果、饮料等各方面的摄取量和营养平衡。食品采买也以支持本地为准，采用市内出产的精选安全农产品。孩子的小学校因为有自己的农场，所以蔬菜类更是选择身边最近的产品，并同时加入了学校独自的营养膳食安排。学校本身有自产自销能力，加上雇用的营养职员厨师多，故而主副食的种类也更加丰富多样。

　　主食方面，米饭每周三次（其中包括白米饭、菜煮饭、麦饭、胚芽米饭等），面包每周两次（各种类型的面包），面条类每月一至两次。副食类分为煮、炸、炒、蒸、拌、汤烩菜、炖菜、沙拉菜等。和食、洋餐、中餐等料理都安排在其中。

教授健康的吃法，并在每天设定一种蔬菜或水果作为"饮食教育"的现场教材。每天补钙的牛奶，是当地产的、成分无调整的普通牛奶。

在卫生方面，除了干菜类和调味料外，其他一律前一天或当天进货。每年6月至10月，这个容易出现食物中毒的期间，会限制食品使用。即使是小的海藻类和芝麻，也会在筛布上摊平挑出可能混入的沙粒等，所有饭菜都是当天做，在午饭前由校长亲自品尝检食。为了预防有可能发生的食物中毒，当天使用的材料和做好的饭菜会保留"样品"两周，以便在万一时，马上查出原因。所有器具包括机械类都进行杀菌消毒处理，膳食人员一年一次健康检查，每月两次验便，进行彻底的健康管理。厨房由区福祉保健中心进行一年一次的定期检查，学校药剂师进行每月一次的定期检查。

学校还设定了"配餐当值"，每周各组学生轮流当值，培养孩子们自立和帮助他人的良好品行。

非常巧的是，我参加两班的午餐会，都是赶上两个儿子在各自班里值班。值班的小朋友首先要去好洗手间，然后洗手消毒，戴上白帽、口罩，穿上白衣整装待命。全班按各小组位置将书桌并成数组。值班的小朋友和营养员老师们一起将午餐膳食车推进教室，由老师们负责分发。其他孩子们则站成一列，开始以各组为单位，各自端着食盘排队领食品。午餐会当天，孩子们不仅领了自己的份餐，还给坐在各组的妈妈们各领一份。值班的孩子们在分派食品结束后，脱下白衣，叠好，收入袋内。

吃饭前的感谢，不仅是对提供饮食的老师们同时也对食物本身进行感谢。营养老师在大家吃饭时，开始预备当天的食育提问教材。主任老师每天午饭都会在不同座位上和各组的学生交流。饭后的讲究更多，牛奶盒的解体方法、吸管的收集方法、食品容器的分类等，孩子们都做得十分娴熟老道，整理得井井有条。最后在充实愉悦的气氛中，妈妈和孩子们一起合掌：多谢款待！

饮食平衡指南

2005 年日本厚生劳动省和农林水产省发表的《饮食平衡指南》，用以中心轴旋转的陀螺形象，来解说维持健康的饮食生活、每天需要摄取的食物量的大致目标。分成主食、副菜、主菜、乳制品和水果五项，对烹饪的菜肴形式予以说明。如果每天摄取的营养不能达到目标，久而久之旋转的陀螺就会失去平衡而倾斜，意味着健康失调。

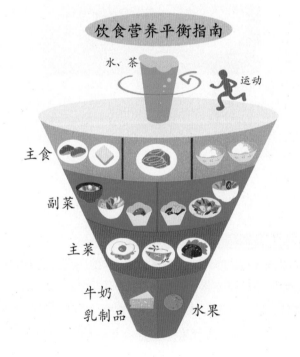

营养平衡食谱搭配基准

★★ 副副菜
以蔬菜海藻类凉拌菜或酱菜为中心,富含矿物质营养素和植物纤维,是调整身体的要素。

★ 副菜
主菜其次分量的菜肴,以蔬菜、薯类、豆类、菌类为主,煮炖炒的菜式及沙拉。是补给维生素和植物纤维的源泉。

★ 主菜
一餐中最大分量的主菜,是以鱼、肉、蛋、大豆制品等蛋白质为中心,生成血液和肌肉的重要菜肴。

★★ 主食
米饭、面包、面等糖质成分为主的食物是能量的主力,配以杂谷饭更利于增加矿物质营养素和植物纤维。

★★★ 汤
蔬菜、蘑菇、海藻等,未放入主菜、副菜和副副菜的食材及调味料,除了广泛摄取营养外,也是形成味觉不可或缺的食物。

★(红色)= 促进身体成长的食品
★(绿色)= 调整身体的食品
★(黄色)= 产生能量的食品

饮食营养平衡搭配,以红绿黄三色食物群分类。

红色食品（生成强化骨质、血液和肌肉的元素）

● **1群:** 以蛋白质为主要成分的食品。包括鱼、肉、鸡蛋、豆类、豆制品等。

● **2群:** 牛奶、小鱼、海藻等富含钙质的食品。

● **主要包括:** 猪肉、牛肉、鸡肉、大虾、鱼类、螃蟹、小鱼、墨斗鱼、鲑鱼、火腿、培根、鸡蛋、豆腐、鹌鹑蛋、大豆、豆腐、大酱、豆奶、牛奶、酸奶、鱼糕、海藻、海苔等。

绿色食品（调整身体状态的要素）

● **3群：**富含维生素 A、维生素 C、钙质及植物纤维为主的绿黄色蔬菜。

● **4群：**含维生素 C 和钙质的淡色蔬菜及水果。

● **主要包括：**西蓝花、玉米、白萝卜、卷心菜、口蘑、香菇、鲍菇、圆萝卜、南瓜、芸豆、小松菜、青椒、西红柿、豆芽、白菜、圆葱、竹笋、茄子、胡萝卜、牛蒡、韭菜、黄瓜、大蒜、姜、大葱、苹果、桃子、香蕉、柠檬等。

黄色（热量和力量的能源）

● **5群：**谷类、薯类、砂糖等含蛋白质、维生素 B_1 的碳水化合物食品。

● **6群：**油脂类。

● **主要包括：**米饭、魔芋、意大利面、通心粉、小麦粉、乌冬面、荞麦面、糯米粉、土豆、地瓜、山药、芋头、栗子、芝麻、粉条、煎饼、砂糖、黄油、美乃滋、色拉油、芝麻油等。

慢得刚刚好的生活与阅读